“十四五”职业教育国家规划教材

“十三五”职业教育国家规划教材

职业教育烹饪专业教材

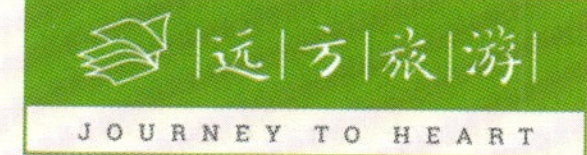

果酱画菜肴盘饰

第2版

朱洪朗　编著

重庆大学出版社

内容提要

本书分4个项目：菜肴盘饰基础知识、果酱画菜肴盘饰制作、果酱画菜肴盘饰作品赏析、果酱画盘饰与菜品结合赏析。本书将典型的果酱画实训作品设计成教学内容，每个任务都配有精美的制作工艺流程和详细的文字描述。本书还增加了现代信息化技术（二维码视频微课）辅助教学，为学生提供新的学习形式。课后学生可以反复观看视频。本书可作为职业教育烹饪专业教材。

图书在版编目（CIP）数据

果酱画菜肴盘饰 / 朱洪朗编著. --2版. -- 重庆：重庆大学出版社，2022.1（2024.1重印）
职业教育烹饪专业教材
ISBN 978-7-5689-1725-4

Ⅰ. ①果… Ⅱ. ①朱… Ⅲ. ①食品－装饰雕塑－职业教育－教材 Ⅳ. ①TS972.114

中国版本图书馆CIP数据核字（2022）第013974号

职业教育烹饪专业教材

果酱画菜肴盘饰

（第2版）

朱洪朗 编著

策划编辑：沈 静

责任编辑：沈 静 版式设计：博卷文化

责任校对：刘志刚 责任印制：张 策

*

重庆大学出版社出版发行

出版人：陈晓阳

社址：重庆市沙坪坝区大学城西路21号

邮编：401331

电话：（023）88617190 88617185（中小学）

传真：（023）88617186 88617166

网址：http://www.cqup.com.cn

邮箱：fxk@cqup.com.cn（营销中心）

全国新华书店经销

重庆长虹印务有限公司印刷

*

开本：787mm×1092mm 1/16 印张：6.5 字数：165千

2019年11月第1版 2022年1月第2版 2024年1月第10次印刷

印数：26 001—31 000

ISBN 978-7-5689-1725-4 定价：35.00元

第2版前言

《果酱画菜肴盘饰》出版已有3年。在此期间，本书被评为“十三五”职业教育国家规划教材，得到了全国很多兄弟院校的大力支持。为适应餐饮行业快速发展的需求，为旅游业培养更多合格的技能型人才，编者根据教育部提出的课程改革要求，结合果酱画菜肴盘饰课程对信息化技术和烹饪技能的要求，对本书进行修订和完善，优化和增加了部分作品和二维码视频微课。在修订时，编者做了以下工作。

第一，规范和修改了一些描述不准确的词语。

第二，在原有作品中增加了一些二维码视频微课。

第三，增加了新作品，丰富了教学内容。

第四，增加了新作品的二维码视频微课，让学生学习更加直观、方便。

本书把中国国画元素融入菜肴，提高了学生审美与人文素养，弘扬中华美育精神，以美育人、以美化人、以美培元，促进学生德智体美劳全面发展。同时绘画与菜肴相结合，展现中餐新的亮点，学生在练习过程中，精益求精，追求工匠精神。《果酱画菜肴盘饰》简约而不简单，可以圆您既美丽又精致的盘饰梦。每个作品只需要几分钟就可以制作完成，非常适合厨师出品需求。

本书在修订过程中，融入党的二十大精神，提高站位、强化担当，弘扬劳动精神、奋斗精神、奉献精神、创造精神、勤俭节约精神，培育时代新风新貌。

《果酱画菜肴盘饰》能够体现现代职业教育的思想，符合科学性、先进性和职业教育的普遍规律。同时，果酱画菜肴盘饰课程能应用现代教学技术、方法与手段，体现信息化教学的需要，教学效果显著，具有示范和推广作用。2023年，本书被评为“十四五”职业教育国家规划教材。目前，本书已经第8次印刷。

本书由广州市旅游商务职业学校朱洪朗老师编著，负责全书所有作品的制作、文字编写和统稿工作。

由于编者水平有限，书中疏漏之处在所难免，恳请广大读者批评指正。

编　者

第1版前言

当您用餐的时候，您的眼睛最先“品尝”菜肴。就像与人打交道讲究第一印象一样，每一道菜也讲究第一印象。如果这道菜卖相好，自然会让人食欲一振，那么这道菜就成功了一半。在餐饮业高速发展的今天，美食文化的内容也在不断丰富。我们不仅可以品尝美味佳肴，还可以欣赏菜肴盘饰艺术。盘饰艺术可以对美味佳肴起到点缀作用，同时，盘饰艺术还可以在一定程度上提升菜肴的文化内涵。

本书把中国国画元素融入菜肴，绘画与菜肴相结合，展现中餐新的亮点。《果酱画菜肴盘饰》简约而不简单，可以圆您既美丽又精致的盘饰梦。每个作品只需要几分钟就可以制作完成，非常适合厨师出品需求。

本书的亮点主要体现在以下几个方面。

第一，在编写过程中，所有作品都是全新制作、拍摄、剪辑，用图片表达制作步骤，用文字解释制作过程。同时，用实物照片将各个知识要点生动地展示出来，力求给学生更加直观的认识。

第二，注重学生基本功的训练，重视学生动手能力的培养，突出职业教育的特色。根据职业院校烹饪专业学生的认知特点，确定项目学习目标，对内容设计、任务实例做了很大调整，做到通俗易懂，突出实用技能的培养与应用。

第三，在编写过程中，增加了现代信息化技术辅助教学，即微视频辅助教学。信息化教学是职业教育发展的必然趋势。学生用手机扫描二维码，就可以观看教学视频。这样，学生学习不再受时间和空间的制约，并且，学生还可以反复观看教学视频。

《果酱画菜肴盘饰》能够体现现代职业教育的思想，符合科学性、先进性和职业教育的普遍规律。同时，果酱画菜肴盘饰课程能应用现代教学技术、方法与手段，体现信息化教学的需要，教学效果显著，具有示范和推广作用。

本书由广州市旅游商务职业学校朱洪朗编著，负责全书所有作品的制作、文字编写和统稿工作。

由于编者水平有限，书中疏漏之处在所难免，恳请广大读者批评指正。

编　者

目　录

项目 1

菜肴盘饰基础知识

[项目目标]

认知目标：

1. 理解菜肴盘饰的概念。
2. 了解菜肴盘饰的分类。
3. 了解菜肴盘饰制作的原则和作用。

情感目标：

通过学习，增长学生的见识，激发学生对菜肴盘饰制作的兴趣，塑造职业素养的养成，弘扬中华优秀传统文化，增强文化自信。

思政目标：

树立学生的道路自信、理论自信、制度自信、文化自信。

引导学生遵守餐饮行业的法律法规，强化职业操守和法治观念。

[项目知识]

一、菜肴盘饰的概念

菜肴盘饰，又称围边、镶边、菜肴装饰、菜点点缀、盘头制作等，是指将符合卫生标准的烹饪原料或者酱汁等，经过加工，制作成一定的形状或图案，摆在器皿周边，对菜肴进行美化、修饰的一种技法。早期菜肴盘饰的主要做法是：在菜肴的旁边摆放一朵鲜花，或者用萝卜雕刻成花，或者在菜肴的旁边摆上数片香菜叶、芹菜叶、黄瓜片等，其制作方法与图案简单。如今，随着烹饪技能的发展和人们对饮食要求的提高，菜肴制作不仅要美味可口还要造型美观，因此，对菜肴盘饰方面的要求也越来越高。

二、菜肴盘饰的分类

1. 按照装饰的空间分类

按照装饰的空间不同，菜肴盘饰可以分为平面式盘饰和立体式盘饰。

（1）平面式盘饰

平面式盘饰是先将烹饪原料或者酱汁加工成一定的形状或图案，再摆放在盘子中使其呈某种平面造型的一种盘饰。这种盘饰制作方法相对简单，制作速度快，原材料价格低廉，使用较广泛。

（2）立体式盘饰

立体式盘饰是指利用烹饪原料，经加工处理，呈现一种立体的效果，放在盘子周边来点缀的一种盘饰。这种盘饰造型别致大方、视觉效果强、款式较多，有利于提高菜肴的品位，但制作速度慢，花费时间多，对制作者的技术要求较高。

2. 按照盘饰制作的原料分类

按照盘饰制作的原料不同，菜肴盘饰可以分为果酱画盘饰、蔬果盘饰、巧克力盘饰、奶油盘饰、鲜花盘饰、面塑盘饰、糖艺盘饰、其他盘饰等。

（1）果酱画盘饰

果酱画盘饰是利用各种颜色的果酱在盘子上面画出抽象线条或一定造型图案的盘饰。果酱画盘饰的主要原料是各种口味的果酱，如巧克力味、杧果味、哈密瓜味、草莓味等。

（2）蔬果盘饰

蔬果盘饰是利用可食用的蔬菜和水果，采用不同的刀法将原料切成各种形状，在盘子上摆出各种造型的盘饰。蔬果盘饰的主要原料有黄瓜、小番茄、胡萝卜、青萝卜、莲藕、芋头、青椒、红椒、橙子、小金橘、哈密瓜、猕猴桃、西瓜、草莓、蓝莓等。

（3）巧克力盘饰

巧克力盘饰是利用各种可食性的巧克力，制作出各种造型插件，结合果酱画的抽象线条，在盘子上摆出一定造型的盘饰。巧克力盘饰的主要原料是巧克力，造型有巧克力棒、爱心巧克力、菱形巧克力等。

（4）奶油盘饰

奶油盘饰是将奶油打发后，加入各种可食用的色素，装入裱花袋，利用抽象的果酱线条和不同的裱花嘴，在盘子上摆出各种造型的盘饰。奶油盘饰的主要原料是奶油。

（5）鲜花盘饰

鲜花盘饰是一种利用各种小型鲜花、叶茎、果酱与各种线条相结合的盘饰。鲜花盘饰的主要原料是小野菊、蝴蝶兰、玫瑰花、康乃馨、夜来香、情人草、天冬门、巴西叶、蓬莱松、散尾叶等。

（6）面塑盘饰

面塑盘饰是将烫好的澄面，加入不同颜色的可食用色素，利用工具和不同手法制作出不同造型的盘饰。面塑盘饰的主要原料是澄面。

（7）糖艺盘饰

糖艺盘饰是将艾素糖放在容器中加热至160 ℃，根据需求加入不同颜色的可食用色素，

采用一定的工艺手法或借助模具，制作成各种造型的盘饰。糖艺盘饰的主要原料是艾素糖。

三、菜肴盘饰制作的原则

①选用的烹饪原料必须是新鲜、卫生、无毒、可食用的材料。
②根据菜肴的造型特征，选择盘饰类型。
③制作的刀工要精细，拼摆要美观。
④原料色彩搭配要和谐，对比要适度。
⑤盘饰制作要适度，不要喧宾夺主。

四、菜肴盘饰制作的作用

归纳起来，菜肴盘饰制作有以下5个方面的作用。
①美化菜肴，增进客人食欲。
②提高菜肴的整体品质。
③强调菜肴重点，使菜肴的重点更加突出。
④增加就餐情趣，渲染就餐氛围。
⑤适当弥补菜肴形状和色彩的不足。

[项目作业]

1. 果酱画菜肴盘饰的概念是什么?
2.果酱画菜肴盘饰是如何分类的?
3.制作果酱画菜肴盘饰需要遵循哪些原则?

项目 2 果酱画菜肴盘饰制作

[项目目标]

技能目标：

1. 认识和了解果酱画工具的使用技巧。
2. 掌握果酱画的各种手法、画法和技巧。
3. 能够熟练、独立地制作果酱画盘饰作品。

情感目标：

通过学习，增长学生的见识，激发学生对菜肴盘饰制作的兴趣，培养学生团队合作、勤俭节约精神，弘扬工匠精神，引导学生敬业、精益、专注、创新。

思政目标：

弘扬伟大建党精神，自信自强、守正创新，踔厉奋发、勇毅前行。

弘扬工匠精神，引导学生敬业、精益、专注、创新。

[项目知识]

果酱画菜肴盘饰制作。

一、常用的原料

常用的原料主要是不同口味的果酱，如巧克力味果酱、蓝莓味果酱、哈密瓜味果酱、草莓味果酱、杧果味果酱等。

果酱

二、常用的工具

1. 果酱瓶

果酱瓶是果酱画常用的工具之一，每个果酱瓶配备不同大小口径的嘴，适合画出不同粗细的线条，使用非常方便。

果酱瓶

认识果酱画工具瓶子

2. 裱花袋

裱花袋分为布裱花袋和塑料裱花袋。在制作过程中，通常使用塑料裱花袋。先将果酱装入袋子，然后在裱花袋的最前端剪个小口即可使用。

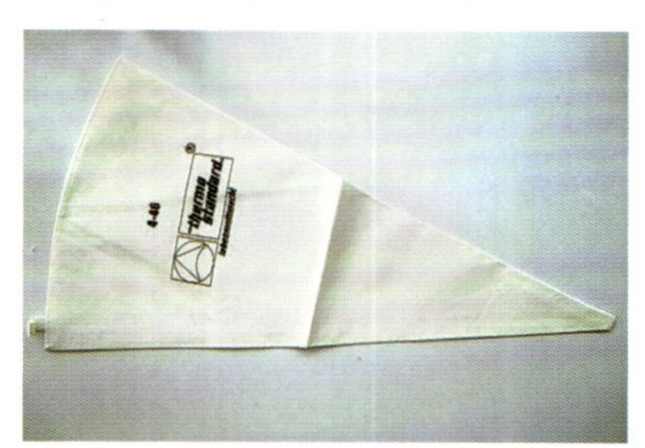

布裱花袋

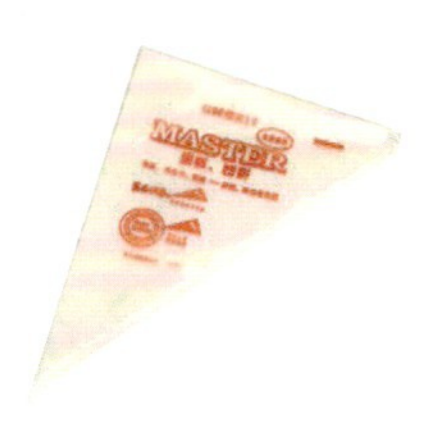

塑料裱花袋

三、制作过程要求

①根据菜肴特点设计造型。

②注意操作过程卫生。

③注意盘饰造型的美观。

四、成品特点

①成品造型美观、大方，色彩搭配合理，有艺术感。

②成品有国画的美感和意境感。

[项目作业]

1. 果酱画菜肴盘饰常用的原料和工具有哪些？
2. 果酱画菜肴盘饰的成品特点有哪些？

任务1 基本技法

2.1.1 如何拿果酱瓶（手法）

错误拿果酱瓶的手法（1）

错误拿果酱瓶的手法（2）

错误拿果酱瓶的手法（3）

正确拿果酱瓶的手法

如何拿果酱瓶（手法）

2.1.2 基本功——粗细线

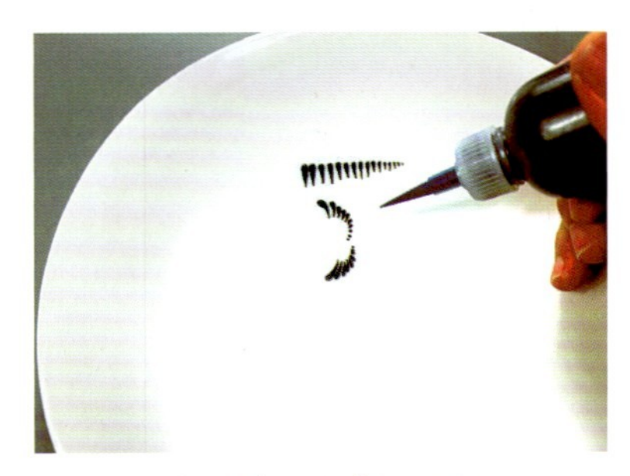

由粗到细的练习方法

基本功——粗细线

2.1.3 线条画法

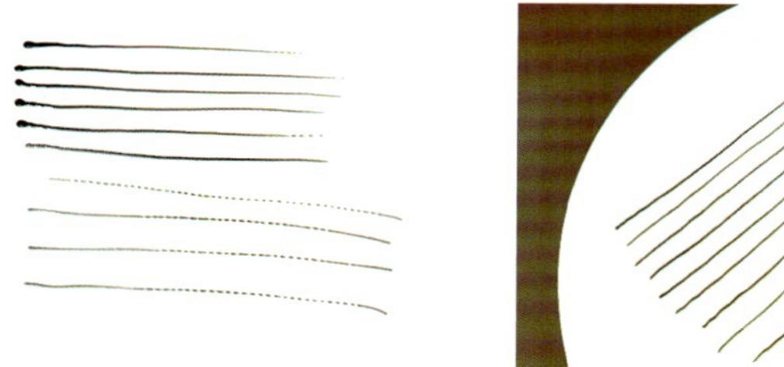

错误的练习直线的手法

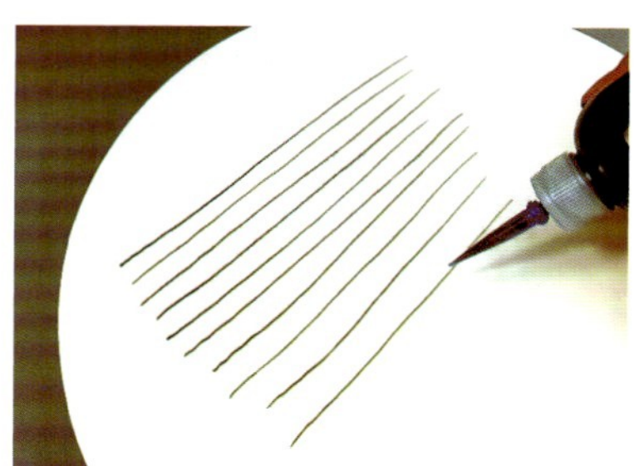

正确的练习直线的手法

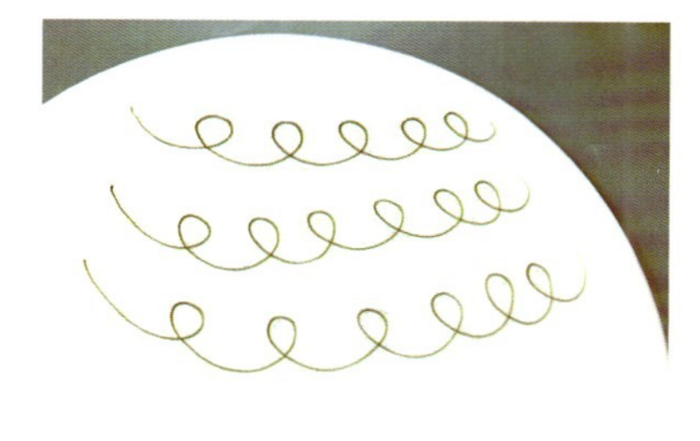

曲线练习作品（1）

曲线练习作品（2）

基本功
——线条

2.1.4 树叶工笔画画法

树叶工笔画画法

2.1.5 树枝画法

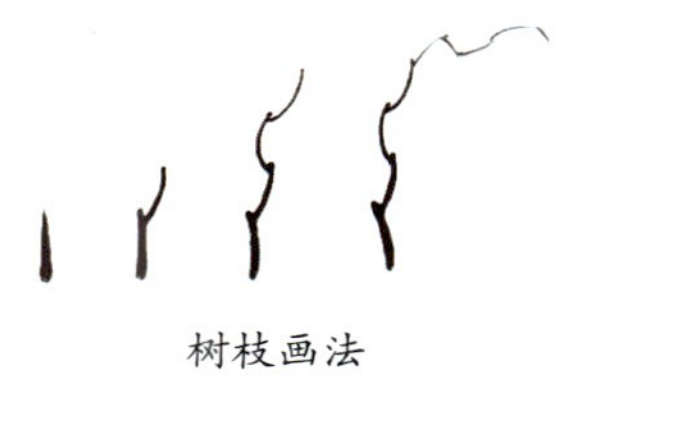

树枝画法

基本功
——树枝

2.1.6 树叶画法

树叶画法（1）

树叶画法（1）

树叶画法（2）

树叶画法（2）

树叶画法（3）

树叶画法（3）

任务评价：

个人自评、小组互评、教师总评（评价表见附录2）。

任务作业：

1. 课后练习各种基本手法。
2. 查阅相关资料，观察画树枝和树叶是如何变化的。

任务2　线条填色（1）

2.2.1　任务准备

1）原料

蓝色果酱、橙红色果酱、黑色果酱、黄色果酱等。

2）器皿

长碟。

2.2.2　任务实施

第一步：教师示范（操作分解步骤如图）。

第二步：学生制作（模仿教师操作）。

学生根据教学要求完成个人实训任务。

2.2.3　操作分解步骤

1. 用黑色果酱画出曲线

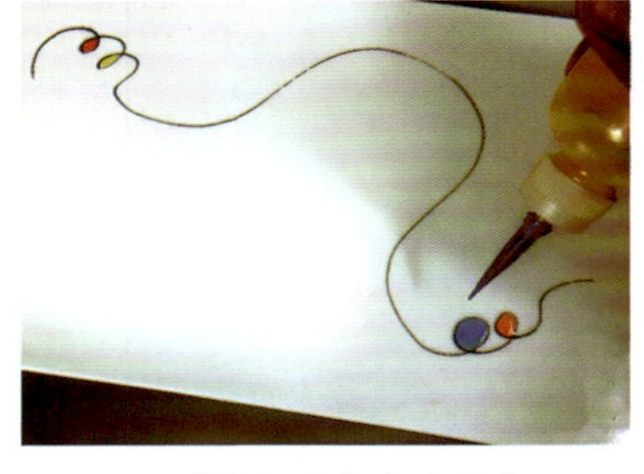

2. 填充不同颜色的果酱

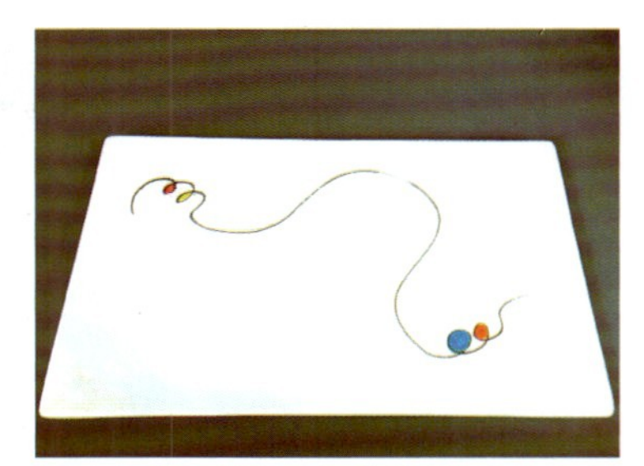

3. 完成作品

任务评价：

个人自评、小组互评、教师总评（评价表见附录2）。

任务作业：

1. 课后练习线条的画法。
2. 查阅相关资料，观察线条是如何变化的。

任务3 线条填色（2）

2.3.1 任务准备

1）原料

蓝色果酱、黄色果酱、黑色果酱、绿色果酱、红色果酱等。

2）器皿

长碟。

2.3.2 任务实施

第一步：教师示范（操作分解步骤如图）。

第二步：学生制作（模仿教师操作）。

学生根据教学要求完成个人实训任务。

2.3.3 操作分解步骤

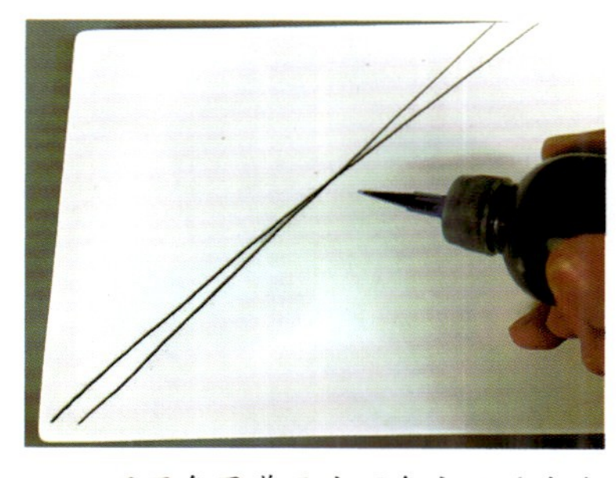

1. 用黑色果酱画出两条交叉的直线

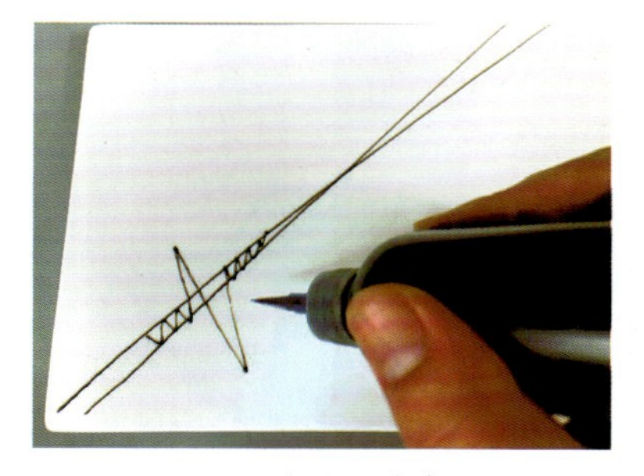

2. 画出网状线条

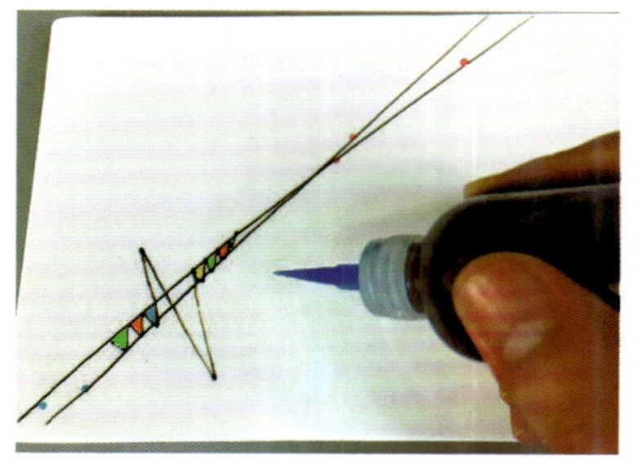

3. 用不同颜色的果酱填充和装饰

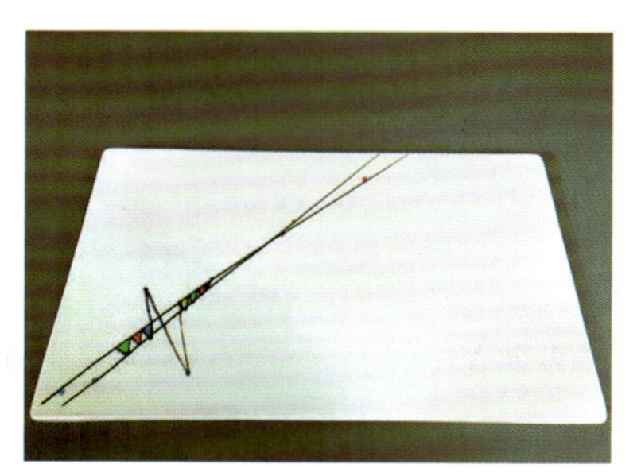

4. 完成作品

任务评价：

个人自评、小组互评、教师总评（评价表见附录2）。

任务作业：

1. 课后练习线条的画法。
2. 查阅相关资料，观察线条是如何变化的。

任务4　线条填色（3）

2.4.1　任务准备

1）原料

蓝色果酱、大红色果酱、黑色果酱、绿色果酱等。

2）器皿

长碟。

2.4.2　任务实施

第一步：教师示范（操作分解步骤如图）。

第二步：学生制作（模仿教师操作）。

学生根据教学要求完成个人实训任务。

2.4.3　操作分解步骤

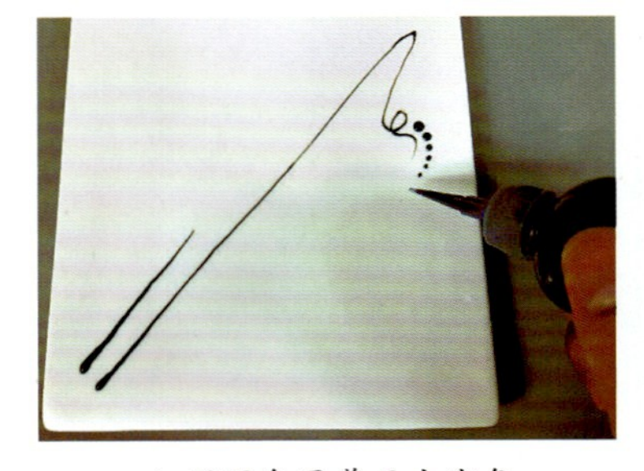

1. 用黑色果酱画出线条

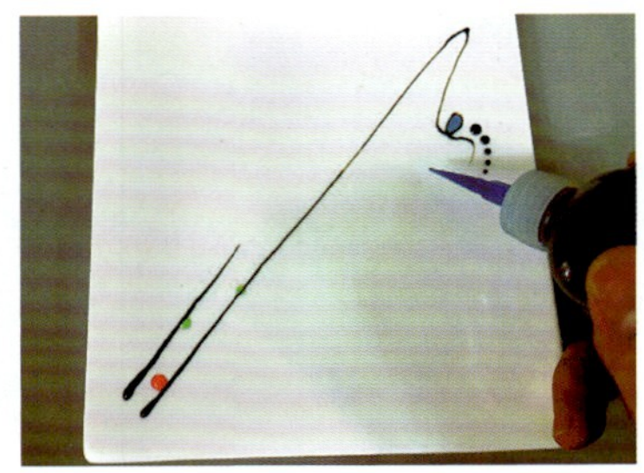

2. 用不同颜色果酱填充和装饰

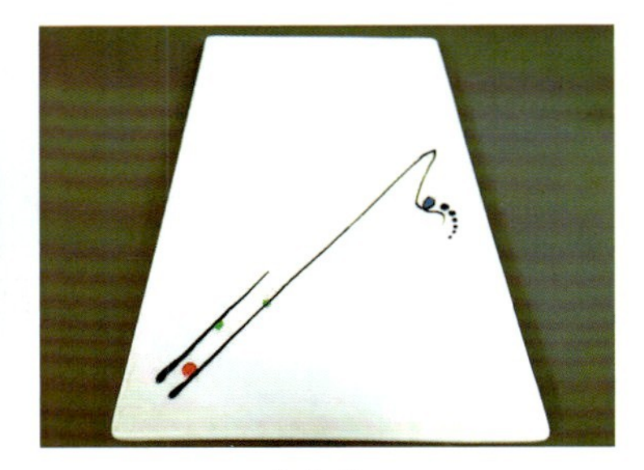

3. 完成作品

任务评价：

个人自评、小组互评、教师总评（评价表见附录2）。

任务作业：

1. 课后练习线条的画法。
2. 查阅相关资料，观察线条是如何变化的。

任务5　线条组合（1）

2.5.1　任务准备

1）原料

玫瑰花、番茜、黑色果酱、黄色果酱、蓝色果酱等。

2）器皿

白色长平板碟。

2.5.2　任务实施

第一步：教师示范（操作分解步骤如图）。

第二步：学生制作（模仿教师操作）。

学生根据教学要求完成个人实训任务。

2.5.3　操作分解步骤

1. 第一步

2. 第二步

3. 完成作品

任务评价：

个人自评、小组互评、教师总评（评价表见附录2）。

任务作业：

1. 课后练习线条的画法。
2. 查阅相关资料，观察线条是如何变化的。

任务6　线条组合（2）

2.6.1　任务准备

1）原料

紫色果酱、橙红色果酱、黑色果酱、浅绿色果酱、粉红色果酱、圣女果、车厘子等。

2）器皿

白色碟。

2.6.2 任务实施

第一步：教师示范（操作分解步骤如图）。

第二步：学生制作（模仿教师操作）。

学生根据教学要求完成个人实训任务。

2.6.3 操作分解步骤

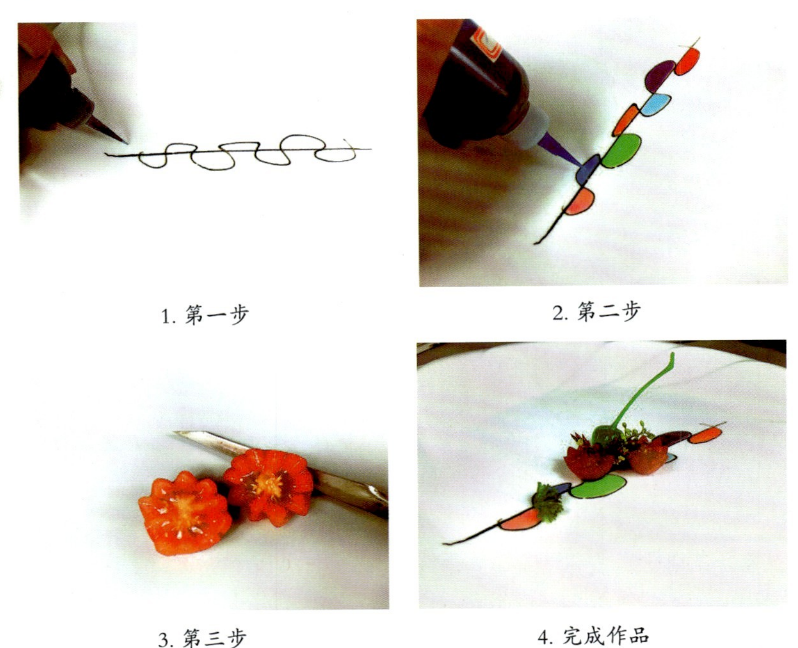

1. 第一步　2. 第二步　3. 第三步　4. 完成作品

任务评价：

个人自评、小组互评、教师总评（评价表见附录2）。

任务作业：

1. 课后练习线条的画法。
2. 查阅相关资料，观察线条是如何变化的。

任务7　线条组合（3）

2.7.1 任务准备

1）原料

黄色果酱、橙红色果酱、黑色果酱、紫色果酱、粉红色果酱、花瓣、番茜等。

2）器皿

白色碟。

2.7.2 任务实施

第一步：教师示范（操作分解步骤如图）。

第二步：学生制作（模仿教师操作）。

学生根据教学要求完成个人实训任务。

2.7.3 操作分解步骤

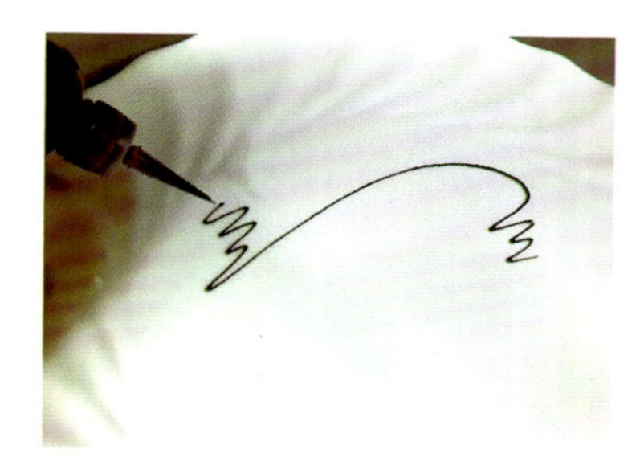

1. 第一步

2. 第二步

3. 完成作品

任务评价：

个人自评、小组互评、教师总评（评价表见附录2）。

任务作业：

1. 课后练习线条的画法。
2. 查阅相关资料，观察线条是如何变化的。

任务8 线条组合（4）

2.8.1 任务准备

1）原料

橙红色果酱、黑色果酱、黄瓜、车厘子等。

2）器皿

白色平板碟。

2.8.2 任务实施

第一步：教师示范（操作分解步骤如图）。

第二步：学生制作（模仿教师操作）。

学生根据教学要求完成个人实训任务。

2.8.3　操作分解步骤

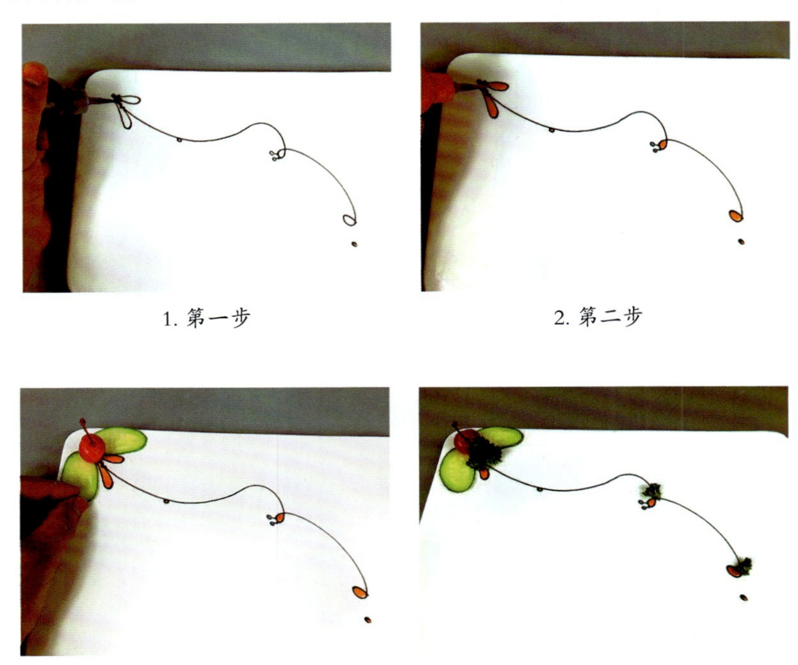

1. 第一步　　2. 第二步

3. 第三步　　4. 完成作品

任务评价：

个人自评、小组互评、教师总评（评价表见附录2）。

任务作业：

1. 课后练习线条的画法。
2. 查阅相关资料，观察线条是如何变化的。

任务9　线条组合（5）

2.9.1　任务准备

1）原料

金橘、橙红色果酱、黑色果酱、浅绿色果酱、蓝色果酱、车厘子等。

2）器皿

白色扇形平板碟。

2.9.2 任务实施

第一步：教师示范（操作分解步骤如图）。

第二步：学生制作（模仿教师操作）。

学生根据教学要求完成个人实训任务。

2.9.3 操作分解步骤

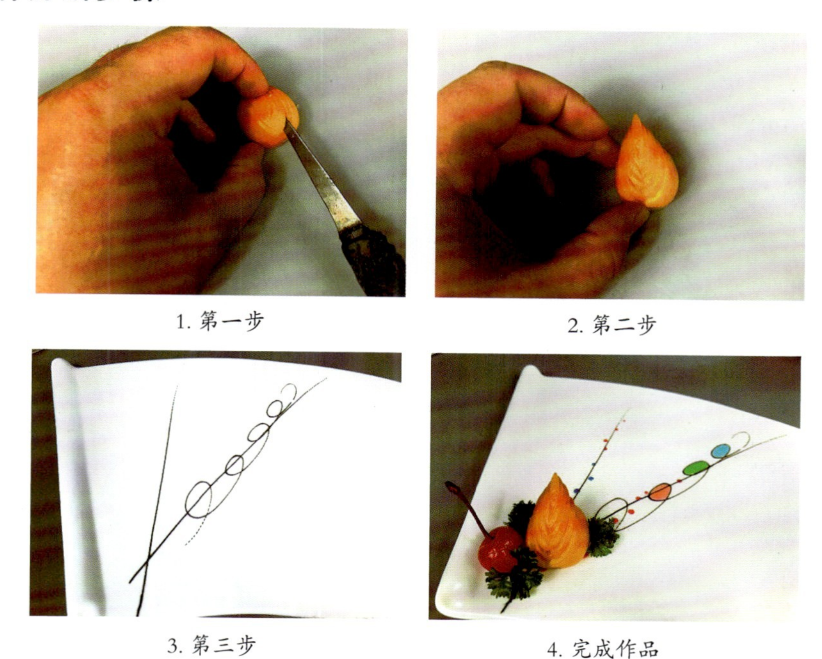

1. 第一步　2. 第二步　3. 第三步　4. 完成作品

任务评价：

个人自评、小组互评、教师总评（评价表见附录2）。

任务作业：

1. 课后练习线条的画法。
2. 查阅相关资料，观察线条是如何变化的。

任务10　线条组合（6）

2.10.1 任务准备

1）原料

金橘、橙红色果酱、黑色果酱、蓝色果酱等。

2）器皿

白色扇形平板碟。

2.10.2 任务实施

第一步：教师示范（操作分解步骤如图）。

第二步：学生制作（模仿教师操作）。

学生根据教学要求完成个人实训任务。

2.10.3 操作分解步骤

1. 第一步　2. 第二步　3. 第三步　4. 完成作品

任务评价：

个人自评、小组互评、教师总评（评价表见附录2）。

任务作业：

1. 课后练习线条的画法。
2. 查阅相关资料，观察线条是如何变化的。

任务11　线条组合（7）

2.11.1 任务准备

1）原料

巧克力网、车厘子、橙红色果酱、蓝色果酱、黄色果酱、黑色果酱、绿色果酱等。

2）器皿

白色圆碟。

2.11.2　任务实施

第一步：教师示范（操作分解步骤如图）。

第二步：学生制作（模仿教师操作）。

学生根据教学要求完成个人实训任务。

2.11.3　操作分解步骤

1. 第一步

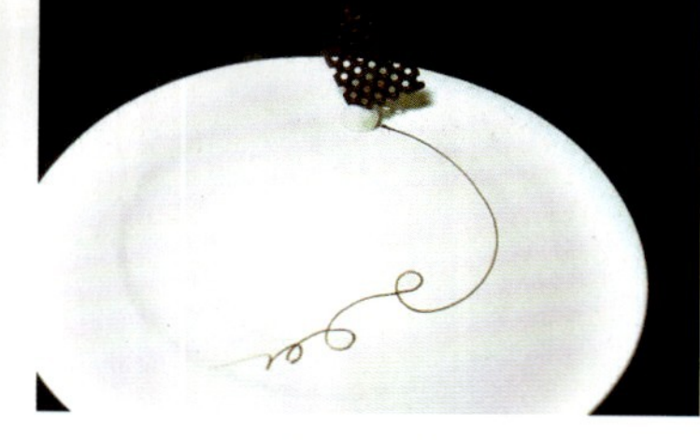
2. 第二步

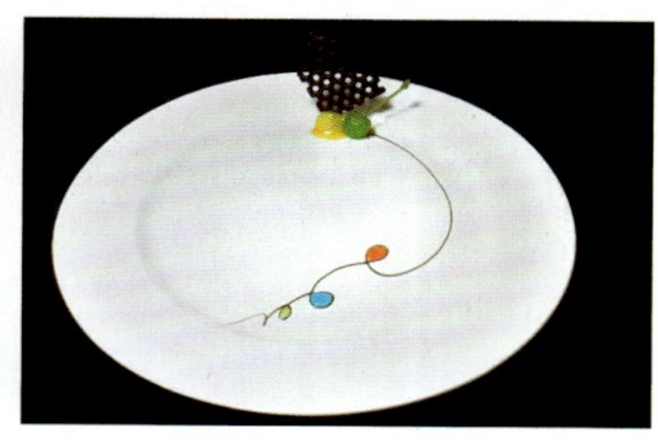
3. 完成作品

任务评价：

个人自评、小组互评、教师总评（评价表见附录2）。

任务作业：

1. 课后练习线条的画法。
2. 查阅相关资料，观察线条是如何变化的。

任务12　线条组合（8）

2.12.1　任务准备

1）原料

圣女果、心里美萝卜、南瓜、黑色果酱等。

2）器皿

白色圆形平板碟。

2.12.2　任务实施

第一步：教师示范（操作分解步骤如图）。

第二步：学生制作（模仿教师操作）。

学生根据教学要求完成个人实训任务。

2.12.3 操作分解步骤

1. 用黑色果酱画出弧线

2. 将心里美萝卜、南瓜切成小丁

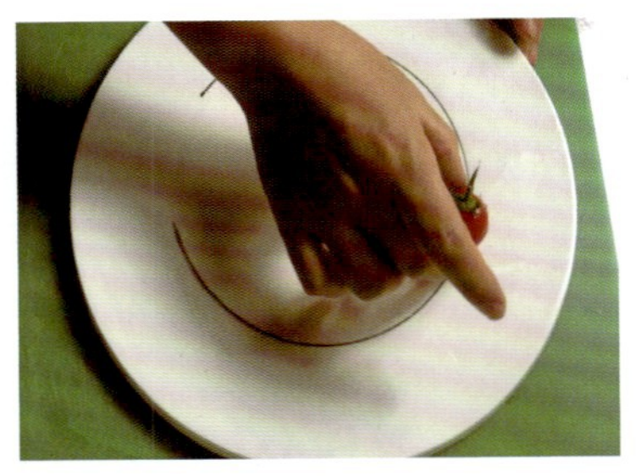

3. 将圣女果放在弧线上

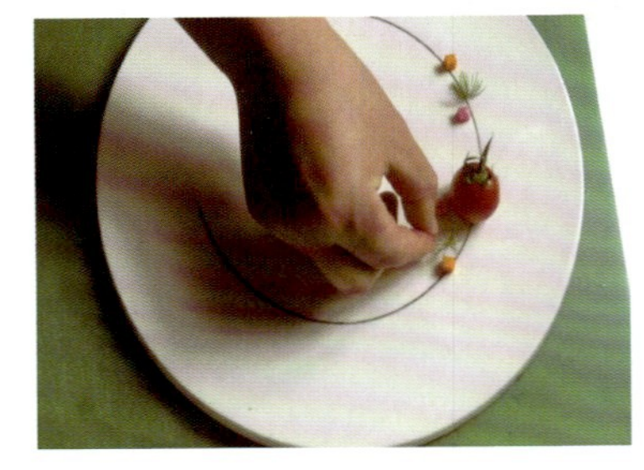

4. 将小丁放好

5. 完成作品

线条组合（8）

任务评价：

个人自评、小组互评、教师总评（评价表见附录2）。

任务作业：

1. 课后练习线条的画法。
2. 尝试用其他原材料进行组装搭配。

任务13 秋叶

秋叶

秋叶

2.13.1 任务准备

1）原料

黄色果酱、橙红色果酱、黑色果酱等。

2）器皿

白色扇形平板碟。

2.13.2 任务实施

第一步：教师示范（操作分解步骤如图）。

第二步：学生制作（模仿教师操作）。

学生根据教学要求完成个人实训任务。

2.13.3 操作分解步骤

1. 用黑色果酱画出秋叶

2. 用黑色果酱画出一串秋叶

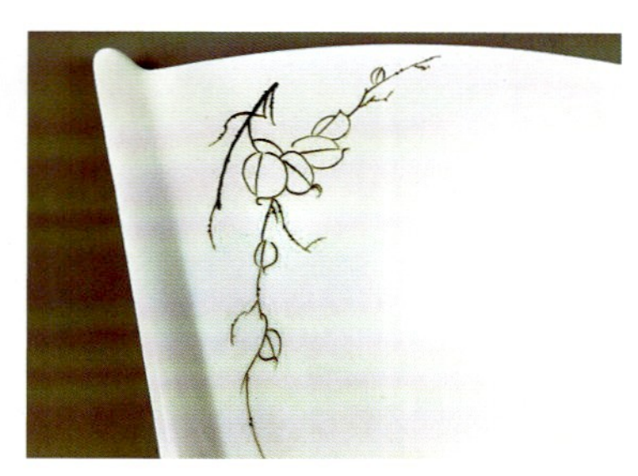

3. 用黑色果酱画出树枝等

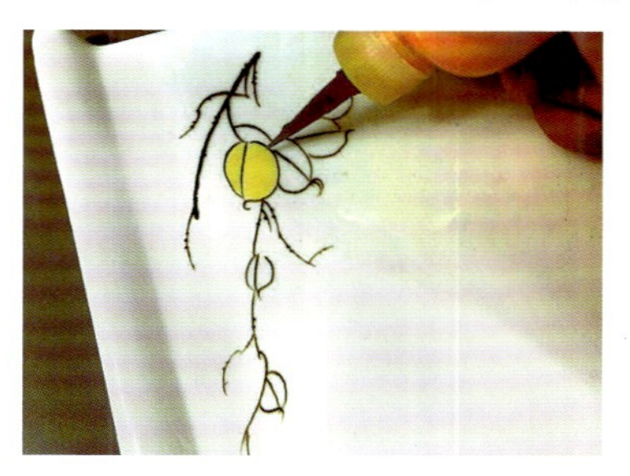

4. 用黄色果酱给秋叶上色

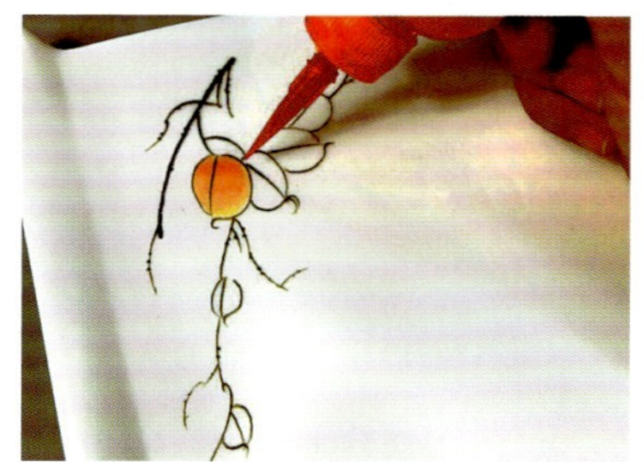

5. 用橙红色果酱加深秋叶的颜色

6. 为所有秋叶上色

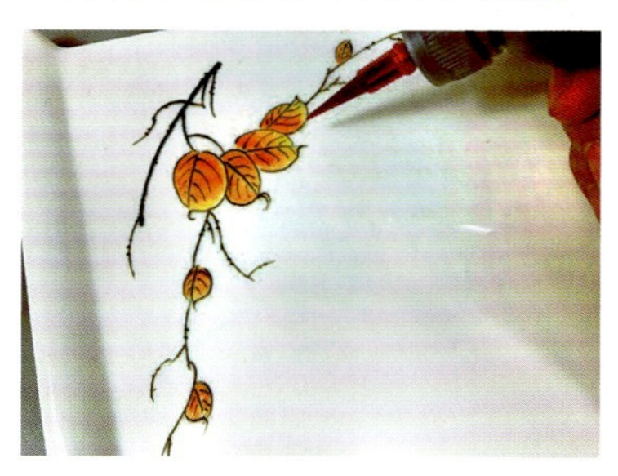

7. 用黑色果酱勾出叶脉等

任务评价：

个人自评、小组互评、教师总评（评价表见附录2）。

任务作业：

1. 课后练习秋叶的画法。
2. 小组分工，收集秋叶作品与菜肴或者点心进行搭配的照片。

任务14　小花

小花

2.14.1　任务准备

1）原料

大红色果酱、黄色果酱、绿色果酱、黑色果酱等。

2）器皿

白色长平板碟。

2.14.2　任务实施

第一步：教师示范（操作分解步骤如图）。

第二步：学生制作（模仿教师操作）。

学生根据教学要求完成个人实训任务。

2.14.3　操作分解步骤

1. 用大红色果酱点出6个红点

2. 用手指拉出花瓣

3. 用黄色和黑色果酱画出花蕊

4. 用黑色果酱画出树枝和树叶

5. 用大红色果酱画出叶脉

6. 用黑色果酱画出小枝，用大红色果酱点缀

任务评价：

个人自评、小组互评、教师总评（评价表见附录2）。

任务作业：

1. 课后练习小花的画法。
2. 尝试不同动态小花的画法。

任务15　蜻蜓

蜻蜓

蜻蜓

2.15.1 任务准备

1）原料

粉红色果酱、灰色果酱、黑色果酱、绿色果酱、黄色果酱、蓝色果酱等。

2）器皿

白色扇形平板碟。

2.15.2 任务实施

第一步：教师示范（操作分解步骤如图）。

第二步：学生制作（模仿教师操作）。

学生根据教学要求完成个人实训任务。

2.15.3 操作分解步骤

1. 用蓝色果酱挤出一个点

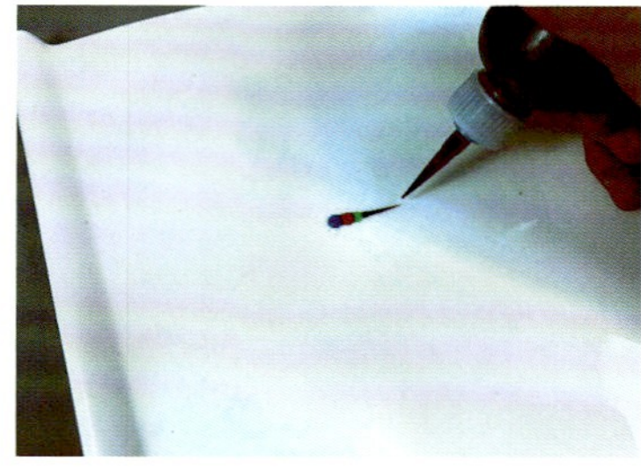

2. 在蓝色点后面挤出大红色果酱和绿色果酱，并用黑色果酱画出蜻蜓的尾巴

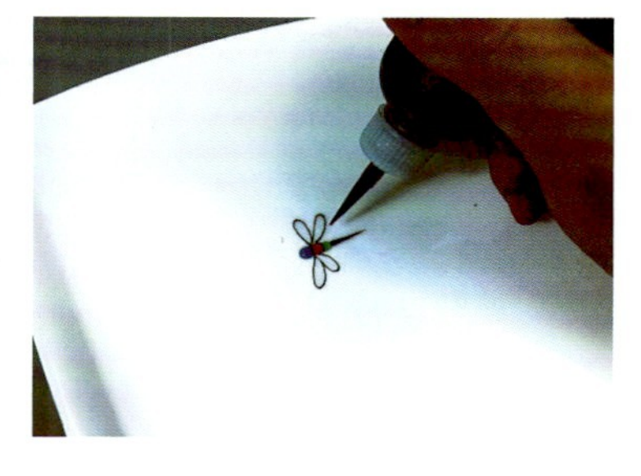

3. 用黑色果酱画出蜻蜓翅膀的轮廓

4. 为蜻蜓翅膀内部涂上颜色

5. 用同样的方法画出另外一种动态的蜻蜓

6. 用同样的方法画出第三种动态的蜻蜓

7. 搭配荷叶、荷花，完成作品

任务评价：

个人自评、小组互评、教师总评（评价表见附录2）。

任务作业：

1. 课后练习蜻蜓的画法。
2. 构图与设计方面如何搭配，请举一反三。

任务16　蝴蝶（1）

蝴蝶（1）

蝴蝶（1）

2.16.1　任务准备

1）原料

大红色果酱、中绿色果酱、黑色果酱、蓝色果酱等。

2）器皿

白色圆平板碟。

2.16.2　任务实施

第一步：教师示范（操作分解步骤如图）。

第二步：学生制作（模仿教师操作）。

学生根据教学要求完成个人实训任务。

2.16.3　操作分解步骤

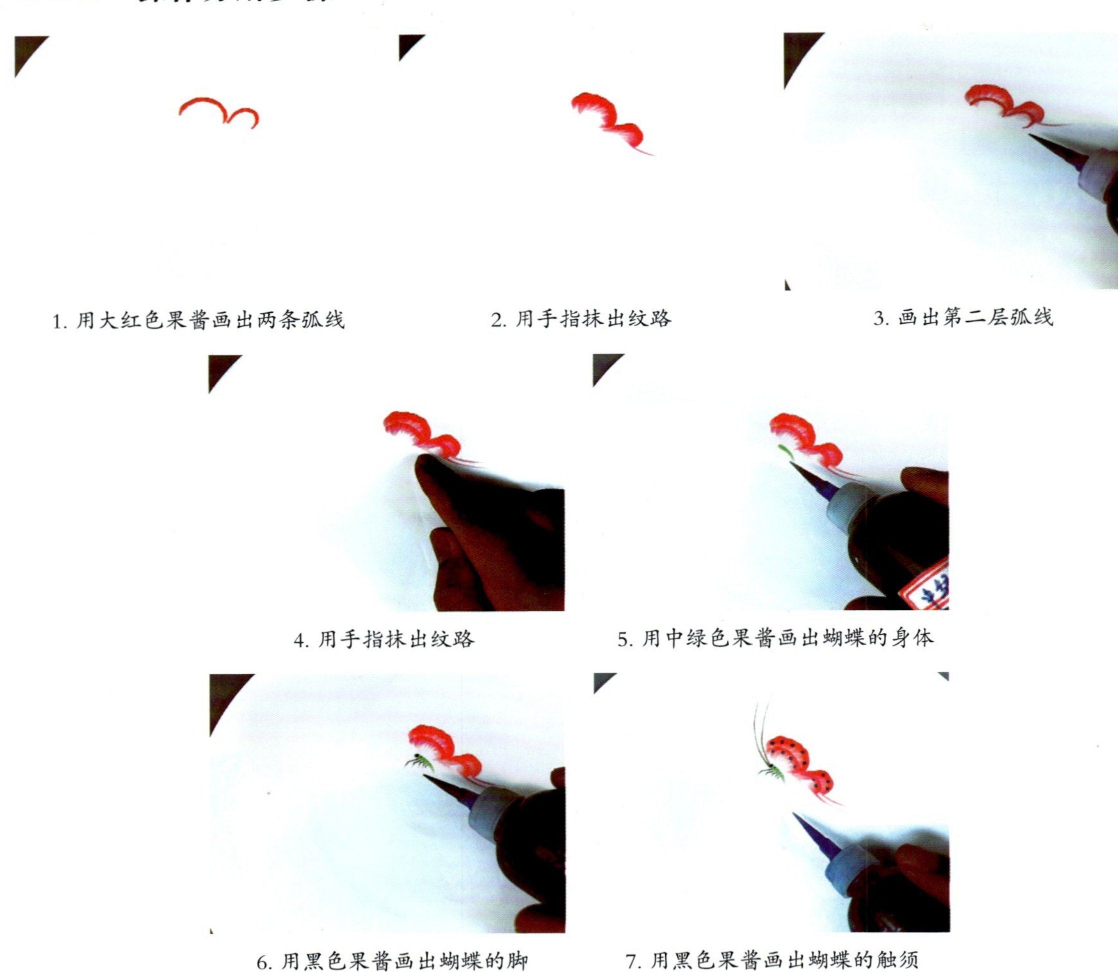

1. 用大红色果酱画出两条弧线　2. 用手指抹出纹路　3. 画出第二层弧线

4. 用手指抹出纹路　5. 用中绿色果酱画出蝴蝶的身体

6. 用黑色果酱画出蝴蝶的脚　7. 用黑色果酱画出蝴蝶的触须

任务评价：

个人自评、小组互评、教师总评（评价表见附录2）。

任务作业：

1. 课后练习蝴蝶（1）的画法。
2. 尝试不同动态蝴蝶的画法。

任务17　蝴蝶（2）

蝴蝶（2）

蝴蝶（2）

2.17.1　任务准备

1）原料

蓝色果酱、白色果酱、黑色果酱、紫色果酱等。

2）器皿

白色长平板碟。

2.17.2　任务实施

第一步：教师示范（操作分解步骤如图）。

第二步：学生制作（模仿教师操作）。

学生根据教学要求完成个人实训任务。

2.17.3　操作分解步骤

1. 用黑色果酱画出蝴蝶的雏形

2. 用黑色果酱加粗蝴蝶的轮廓

3. 用蓝色果酱和紫色果酱上色

4. 画出蝴蝶翅膀的纹路

5. 画出蝴蝶的身体、眼睛、触须等

6. 点缀蝴蝶的轮廓

任务评价：

个人自评、小组互评、教师总评（评价表见附录2）。

任务作业：

1. 课后练习蝴蝶（2）的画法。
2. 查阅相关资料，设计出蝴蝶的图案。

任务18　樱桃

樱桃

樱桃

2.18.1　任务准备

1）原料

大红色果酱、绿色果酱、黑色果酱等。

2）器皿

白色长平板碟。

2.18.2　任务实施

第一步：教师示范（操作分解步骤如图）。

第二步：学生制作（模仿教师操作）。

学生根据教学要求完成个人实训任务。

2.18.3 操作分解步骤

1. 用黑色果酱挤出一个大一点的点

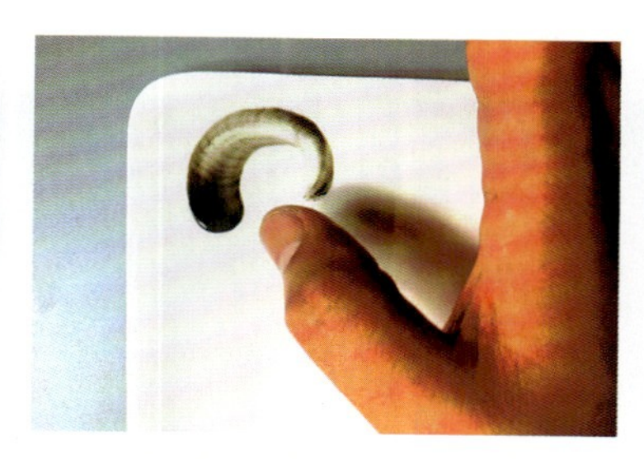
2. 用大拇指按住点旋转

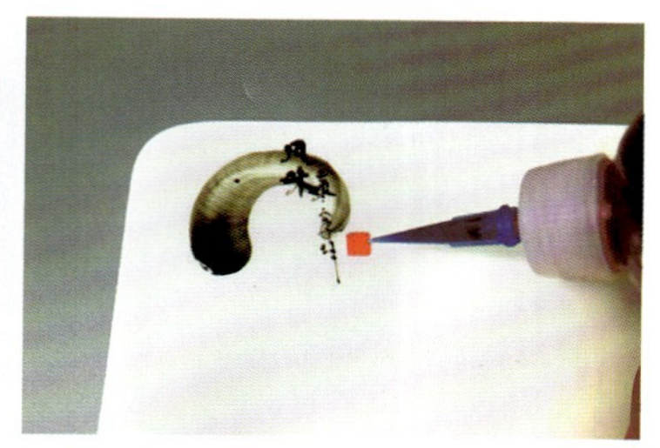
3. 题词和盖章

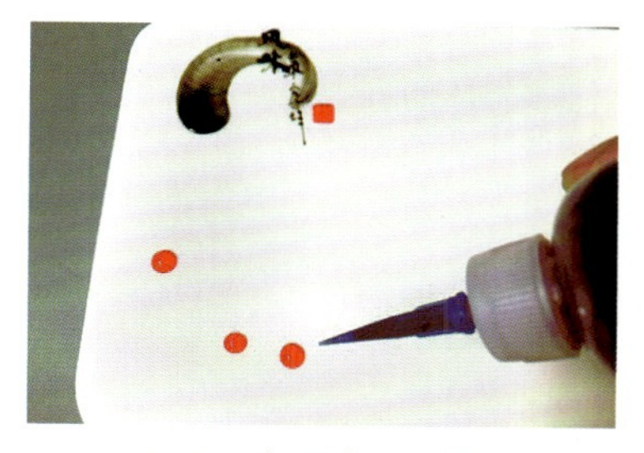
4. 用大红色果酱挤出三个点

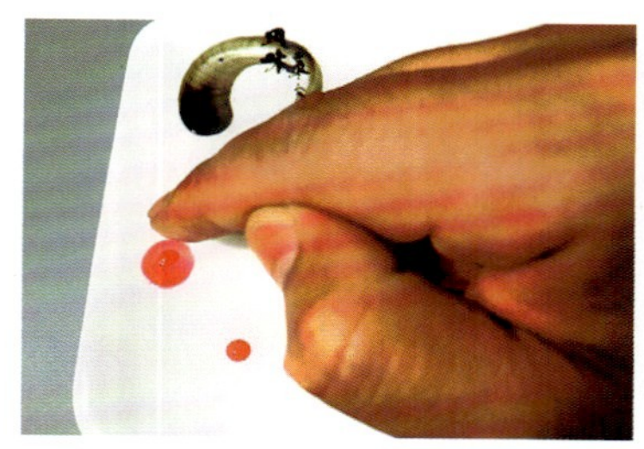
5. 用手指按住一个点，轻轻转，慢慢提起

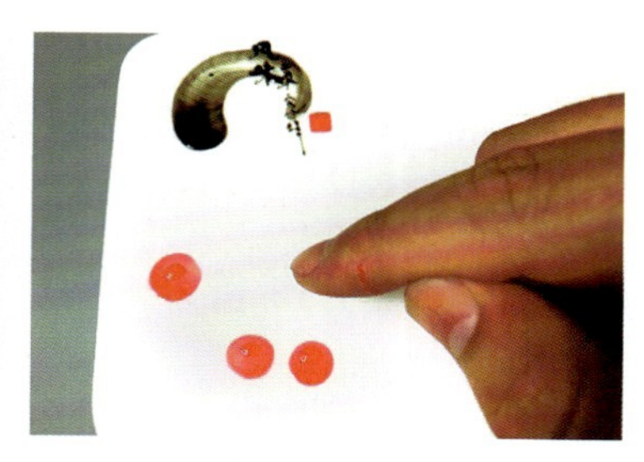
6. 用同样的方法画出另外两个樱桃

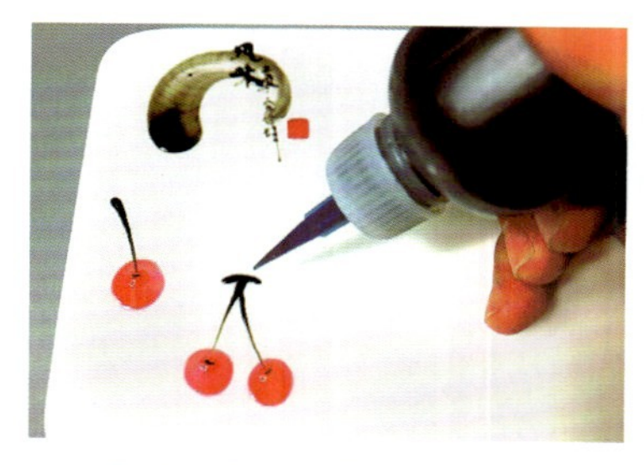
7. 用黑色果酱画出樱桃的枝

8. 画出樱桃的叶

任务评价：

个人自评、小组互评、教师总评（评价表见附录2）。

任务作业：

1. 课后练习樱桃的画法。
2. 设计出与樱桃搭配的作品。

任务19　荔枝

荔枝

荔枝

2.19.1　任务准备

1）原料

大红色果酱、中绿色果酱、黑色果酱等。

2）器皿

白色圆平板碟。

2.19.2　任务实施

第一步：教师示范（操作分解步骤如图）。

第二步：学生制作（模仿教师操作）。

学生根据教学要求完成个人实训任务。

2.19.3　操作分解步骤

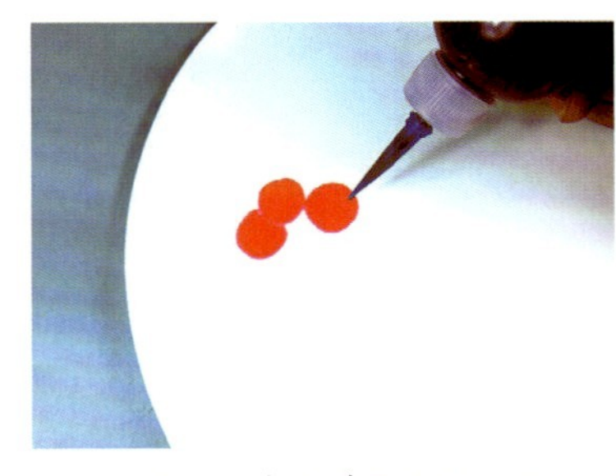

1. 用大红色果酱画出三个圆

2. 画出另外两个小圆

3. 挤出一点中绿色果酱，用手指抹出叶子

4. 用黑色果酱画出叶脉

5. 用黑色果酱画出树枝

任务评价：

个人自评、小组互评、教师总评（评价表见附录2）。

任务作业：

1. 课后练习荔枝的画法。
2. 设计出与荔枝搭配的作品。

任务20 桃子

桃子

桃子

2.20.1 任务准备

1）原料

大红色果酱、绿色果酱、黑色果酱等。

2）器皿

白色长平板碟。

2.20.2 任务实施

第一步：教师示范（操作分解步骤如图）。

第二步：学生制作（模仿教师操作）。

学生根据教学要求完成个人实训任务。

2.20.3 操作分解步骤

1. 用大红色果酱画出一条弧线

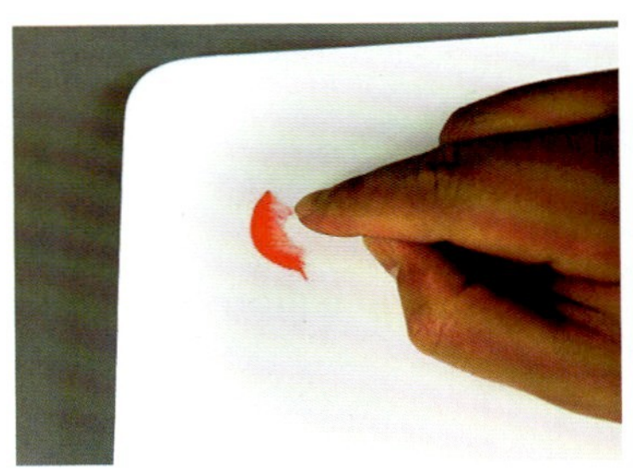

2. 用手指轻轻向外拉

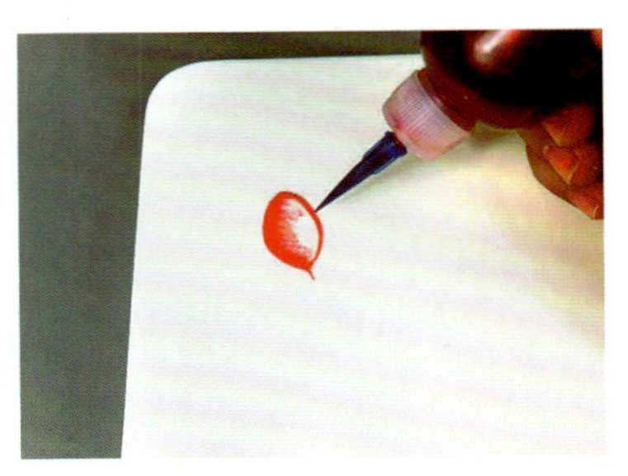

3. 用大红色果酱画出另外一条弧线

4. 用棉签轻轻向外拉一点

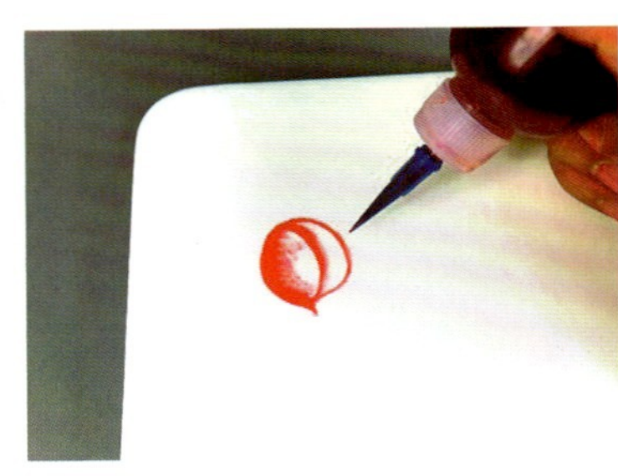

5. 画出桃子的轮廓

6. 用同样的方法画出另外一个桃子

7. 用绿色果酱点一个小点

8. 点多个小点，并抹出叶子

9. 用黑色果酱画出叶脉

10. 用黑色果酱画出树枝等

任务评价：

个人自评、小组互评、教师总评（评价表见附录2）。

任务作业：

1. 课后练习桃子的画法。
2. 小组分工，收集桃子作品与点心搭配的照片。

任务21　丝瓜

丝瓜

丝瓜

2.21.1　任务准备

1）原料

深绿色果酱、中绿色果酱、黑色果酱、黄色果酱等。

2）器皿

白色长平板碟。

2.21.2　任务实施

第一步：教师示范（操作分解步骤如图）。

第二步：学生制作（模仿教师操作）。

学生根据教学要求完成个人实训任务。

2.21.3 操作分解步骤

1. 用中绿色果酱挤出两个点

2. 用手指按住轻轻向上拉

3. 用黑色果酱和深绿色果酱抹出叶子

4. 用黑色果酱画出叶脉

5. 用黑色果酱画出丝瓜纹路，用黄色果酱点出花蕊

6. 画出丝瓜的藤蔓等

任务评价：

个人自评、小组互评、教师总评（评价表见附录2）。

任务作业：

1. 课后练习丝瓜的画法。
2. 结合国画风格，设计水墨风格的丝瓜作品。

任务22　梅花（1）

梅花（1）

梅花（1）

2.22.1 任务准备

1）原料

蓝色果酱、黄色果酱、黑色果酱。

2）器皿

白色长平板碟。

2.22.2 任务实施

第一步：教师示范（操作分解步骤如图）。

第二步：学生制作（模仿教师操作）。

学生根据教学要求完成个人实训任务。

2.22.3 操作分解步骤

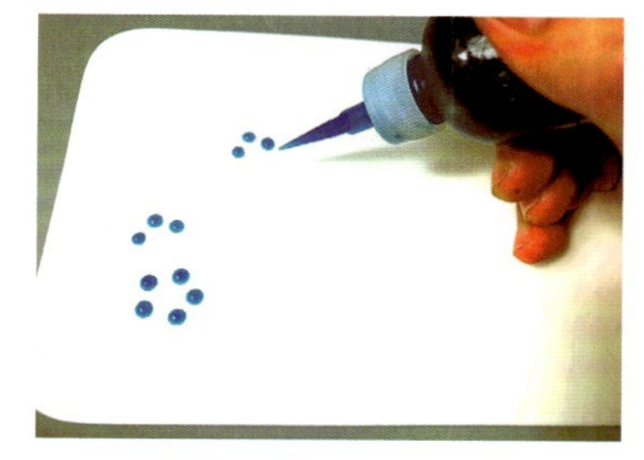

1. 用蓝色果酱挤出多个点

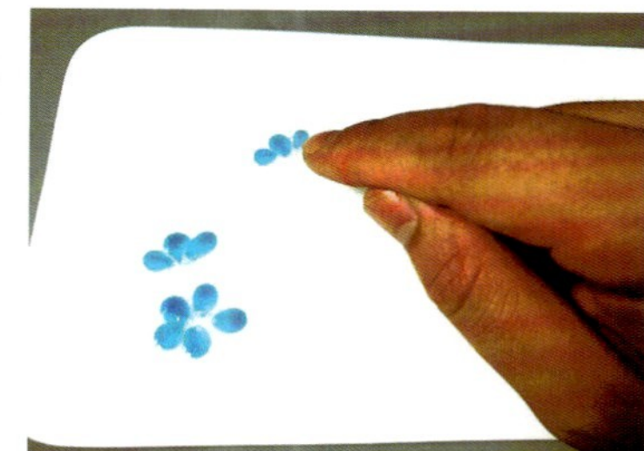

2. 用手指轻轻抹开

3. 用黑色果酱画出枝干

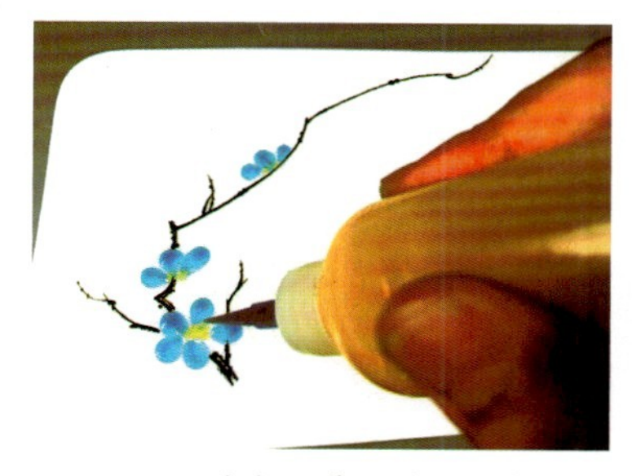

4. 用黄色果酱给花蕊上色

5. 用黑色果酱点缀

6. 完成作品

任务评价：

个人自评、小组互评、教师总评（评价表见附录2）。

任务作业：

1. 课后练习梅花（1）的画法。
2. 小组分工，收集梅花作品与热菜搭配的照片。

任务23 梅花（2）

梅花（2）

梅花（2）

2.23.1 任务准备

1）原料

黑色果酱、大红色果酱、棉签等。

2）器皿

白色平板碟。

2.23.2 任务实施

第一步：教师示范（操作分解步骤如图）。

第二步：学生制作（模仿教师操作）。

学生根据教学要求完成个人实训任务。

2.23.3 操作分解步骤

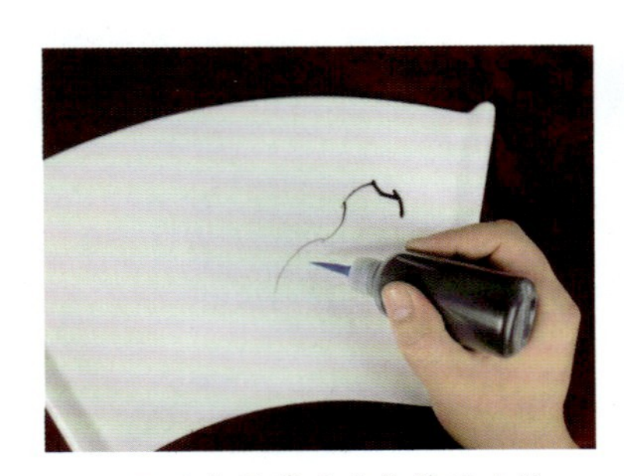

1. 用黑色果酱画出梅花的主枝

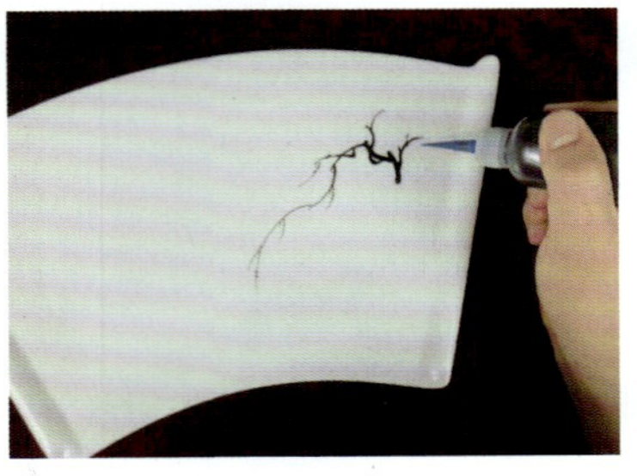

2. 用黑色果酱画出梅花的分枝

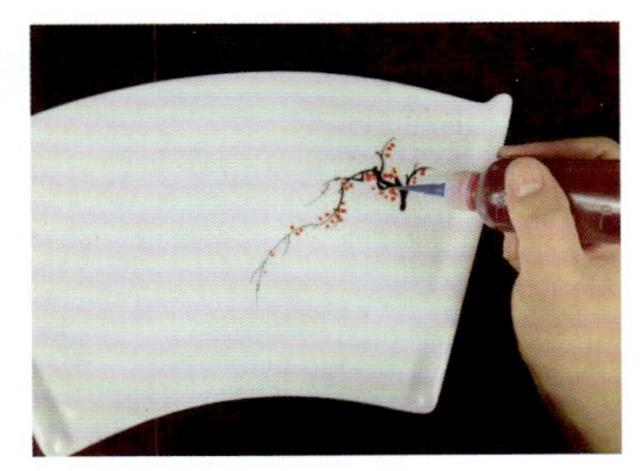

3. 用大红色果酱点出小点

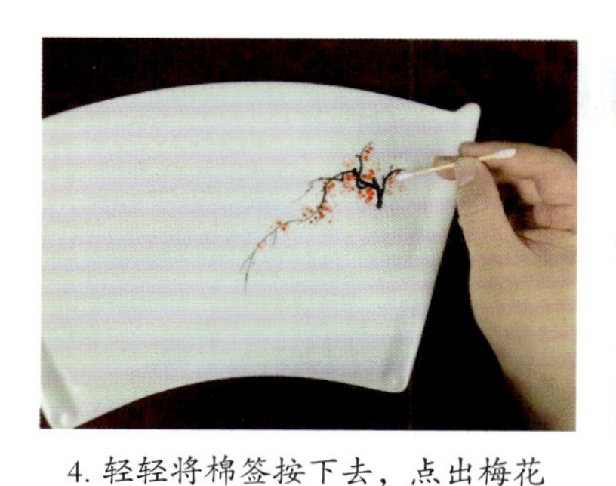
4. 轻轻将棉签按下去，点出梅花

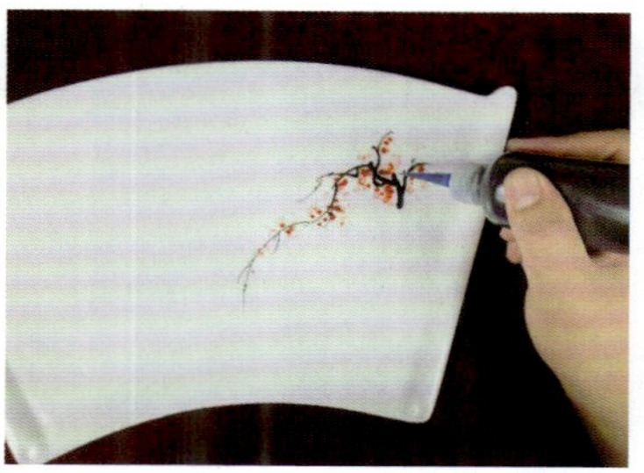
5. 用黑色果酱点出梅花的花蕊

6. 题字，完成作品

任务评价：

个人自评、小组互评、教师总评（评价表见附录2）。

任务作业：

1. 课后练习梅花（2）的画法。
2. 画出不同颜色的梅花，学会举一反三。

任务24　竹子

竹子

竹子

2.24.1　任务准备

1）原料

深绿色果酱、大红色果酱、黑色果酱等。

2）器皿

白色扇形平板碟。

2.24.2　任务实施

第一步：教师示范（操作分解步骤如图）。

第二步：学生制作（模仿教师操作）。

学生根据教学要求完成个人实训任务。

2.24.3 操作分解步骤

1. 用深绿色果酱画出粗长线

2. 用小刀画出竹节

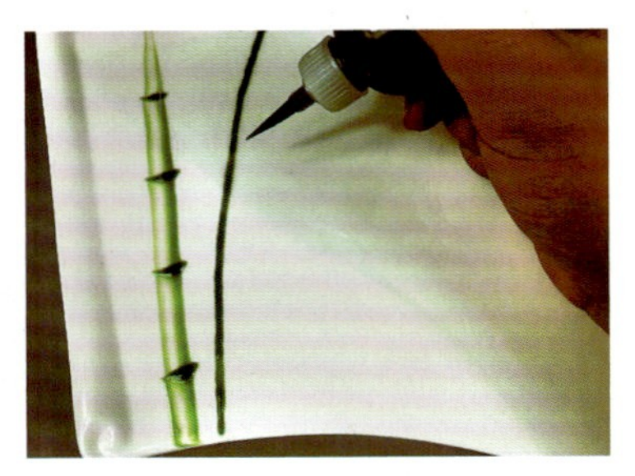

3. 用深绿色果酱画出斜线

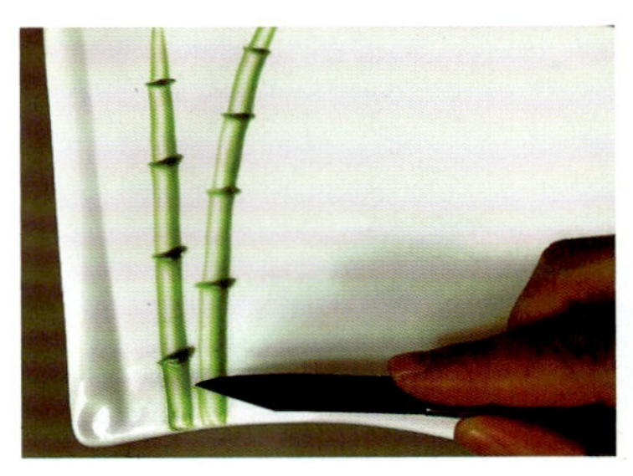

4. 用小刀画出竹节

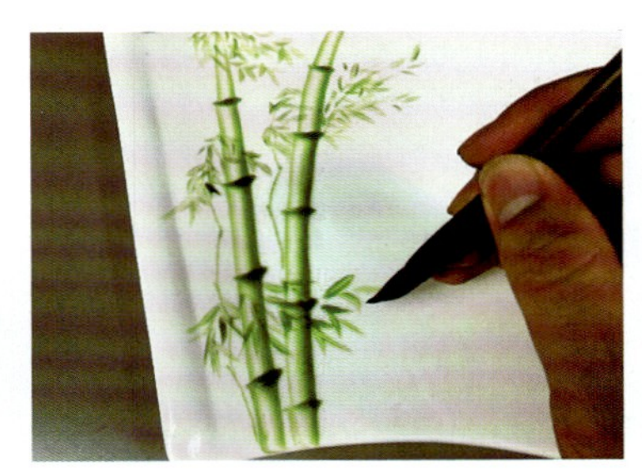

5. 用毛笔画出小枝和叶子

6. 题词、盖章

任务评价：

个人自评、小组互评、教师总评（评价表见附录2）。

任务作业：

1. 课后练习竹子的画法。
2. 结合国画风格，设计水墨风格的竹子作品。

任务25　菊花

菊花

菊花

2.25.1 任务准备

1）原料

橙红色果酱、绿色果酱、黑色果酱等。

2）器皿

白色圆平板碟。

2.25.2 任务实施

第一步：教师示范（操作分解步骤如图）。

第二步：学生制作（模仿教师操作）。

学生根据教学要求完成个人实训任务。

2.25.3 操作分解步骤

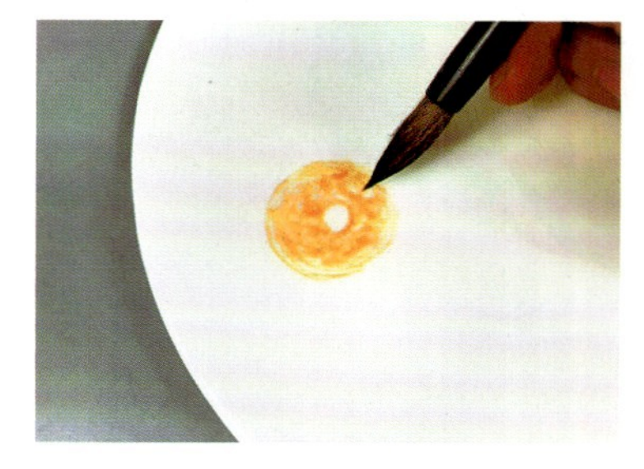

1. 用毛笔把提前挤好的橙红色果酱涂圆

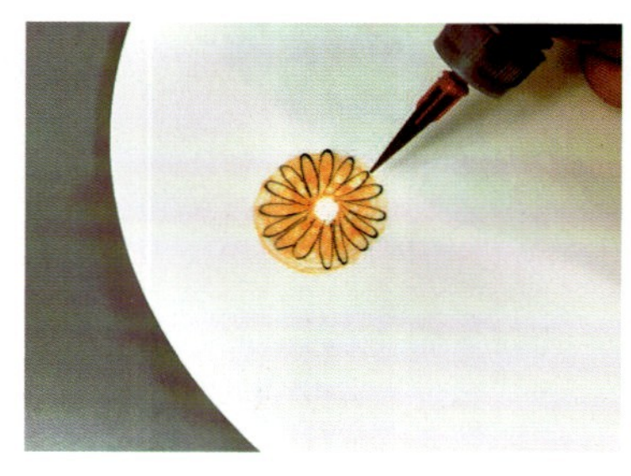

2. 用黑色果酱画出菊花的第一层花瓣

3. 画出菊花的第二层花瓣

4. 涂出第一朵菊花的花蕊，挤好橙红色果酱，并涂好

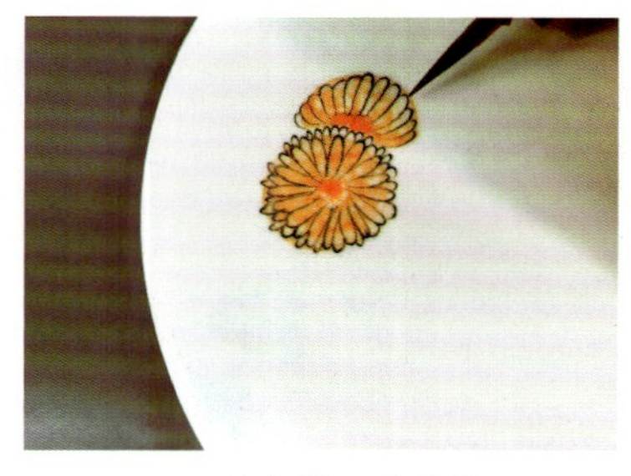

5. 画出第二朵菊花

6. 画出第三朵菊花

7. 用绿色果酱抹出叶子

8. 用黑色果酱画出叶脉

9. 用黑色果酱画出枝干

任务评价：

个人自评、小组互评、教师总评（评价表见附录2）。

任务作业：

1. 课后练习菊花的画法。
2. 结合国画风格，设计水墨风格的菊花作品。

任务26　月季花

月季花

月季花

2.26.1　任务准备

1）原料

紫色果酱、黄色果酱、黑色果酱等。

2）器皿

白色长平板碟。

2.26.2　任务实施

第一步：教师示范（操作分解步骤如图）。

第二步：学生制作（模仿教师操作）。

学生根据教学要求完成个人实训任务。

2.26.3　操作分解步骤

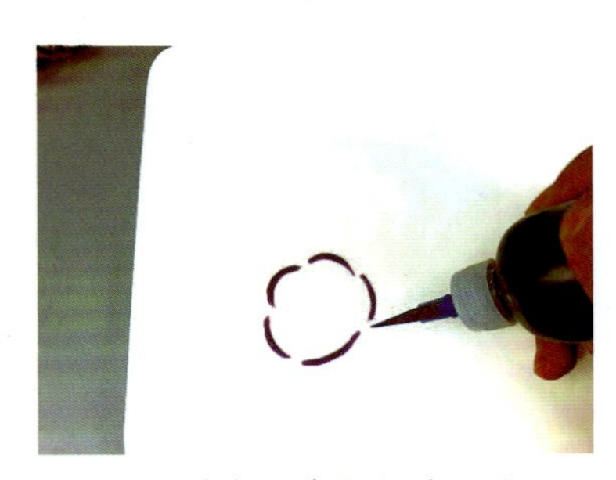

1. 用紫色果酱画出5条弧线

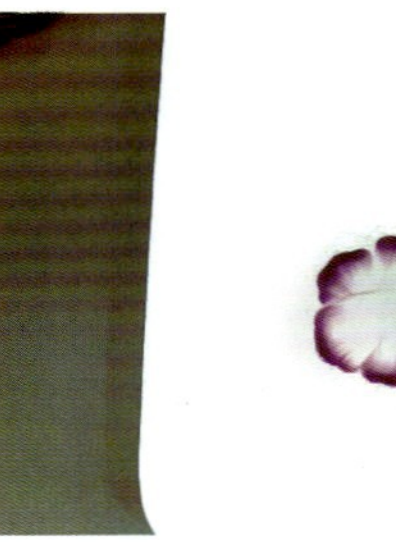

2. 用手指轻轻拉出花瓣纹路

3. 用紫色果酱画出其余花瓣

4. 用黄色果酱给花蕊上色

5. 用黑色果酱点缀

6. 画出枝干等

任务评价：

个人自评、小组互评、教师总评（评价表见附录2）。

任务作业：

1. 课后练习月季花的画法。
2. 小组分工，收集月季花作品与菜肴搭配的照片。

任务27　牡丹花

牡丹花

牡丹花

2.27.1　任务准备

1）原料

大红色果酱、绿色果酱、黑色果酱、黄色果酱等。

2）器皿

白色扇形平板碟。

2.27.2　任务实施

第一步：教师示范（操作分解步骤如图）。

第二步：学生制作（模仿教师操作）。

学生根据教学要求完成个人实训任务。

2.27.3 操作分解步骤

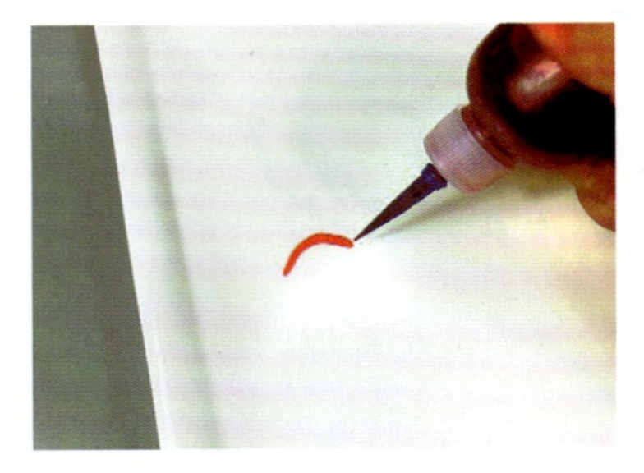

1. 用大红色果酱画出弧线

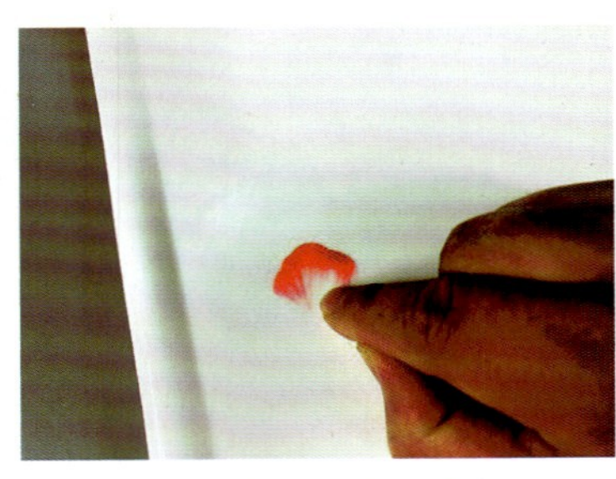

2. 用手指轻轻抹下来

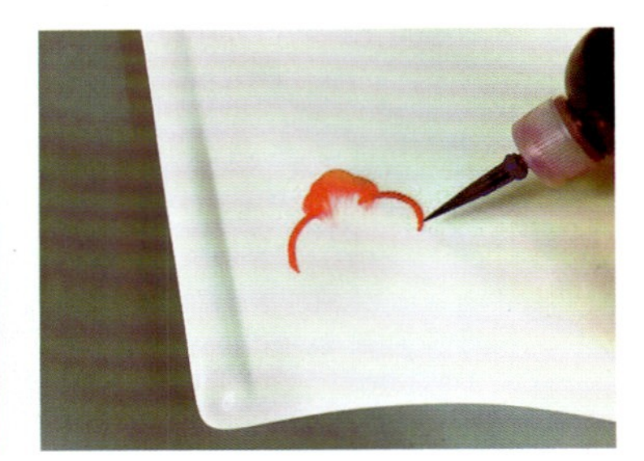

3. 画出两条弧线

4. 用同样的方法抹出其他花瓣

5. 在牡丹花中画出弧线

6. 抹出牡丹花中的花瓣

7. 用黄色果酱涂出花蕊，用黑色果酱点缀

8. 用绿色果酱点小点，用手指拉出叶子

9. 用黑色果酱勾出叶脉

10. 用黑色果酱画出枝干等

任务评价：

个人自评、小组互评、教师总评（评价表见附录2）。

任务作业：

1. 课后练习牡丹花的画法。
2. 查阅相关资源，尝试画不同颜色的牡丹花。

任务28　喇叭花（1）

喇叭花（1）

喇叭花（1）

2.28.1　任务准备

1）原料

紫色果酱、绿色果酱、黑色果酱、黄色果酱等。

2）器皿

白色扇形平板碟。

2.28.2　任务实施

第一步：教师示范（操作分解步骤如图）。

第二步：学生制作（模仿教师操作）。

学生根据教学要求完成个人实训任务。

2.28.3　操作分解步骤

1. 用紫色果酱画出弧线

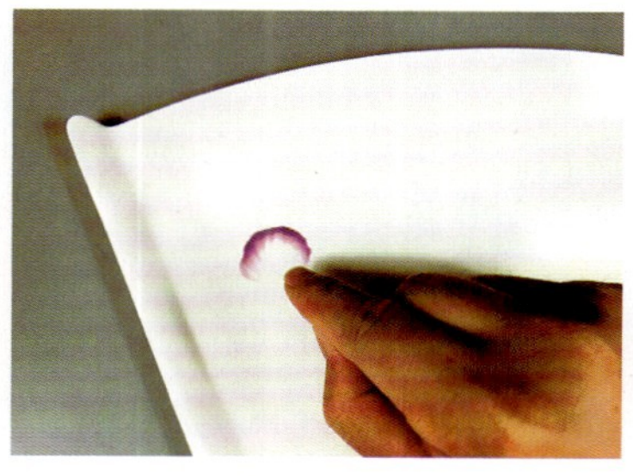

2. 用手指轻轻拉下来

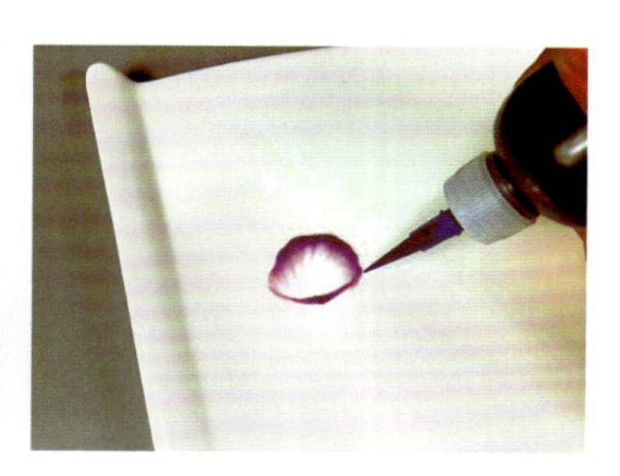

3. 用紫色果酱画出下半部分（中间粗一点）

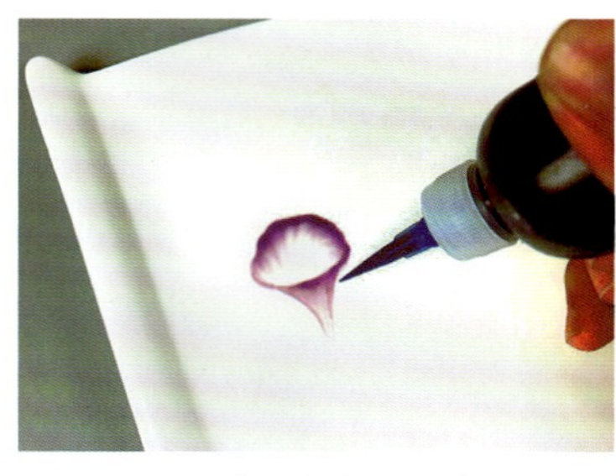

4. 用手指轻轻拉下来

5. 用紫色果酱点出3个小点

6. 用手指轻轻拉下来

7. 用绿色果酱画出藤蔓等

8. 用黄色果酱画出花蕊，用黑色果酱点缀

9. 题词、盖章

任务评价：

个人自评、小组互评、教师总评（评价表见附录2）。

任务作业：

1. 课后练习喇叭花（1）的画法。
2. 结合国画风格，设计水墨风格的喇叭花作品。

任务29　喇叭花（2）

喇叭花（2）

喇叭花（2）

2.29.1 任务准备

1）原料

蓝色果酱、灰色果酱、黑色果酱、黄色果酱、绿色果酱等。

2）器皿

白色长平板碟。

2.29.2 任务实施

第一步：教师示范（操作分解步骤如图）。

第二步：学生制作（模仿教师操作）。

学生根据教学要求完成个人实训任务。

2.29.3 操作分解步骤

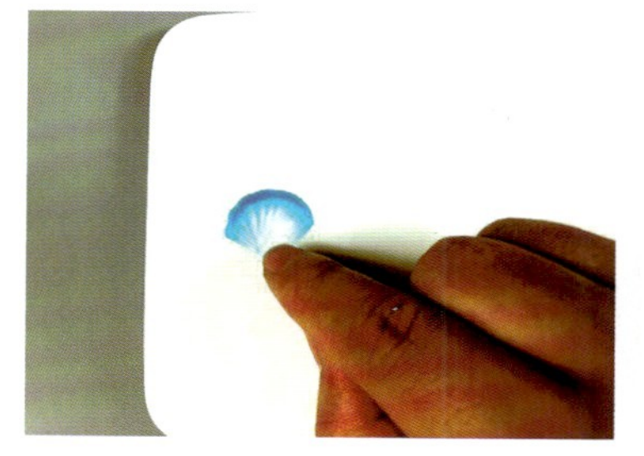

1. 用蓝色果酱画出弧线，抹出纹路

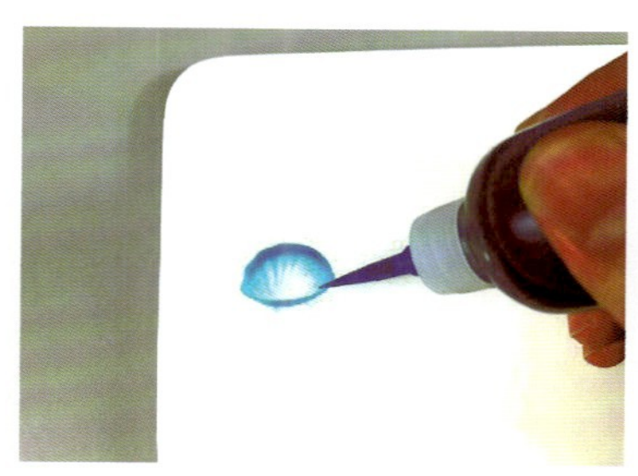

2. 画出另外一边的轮廓（中间粗一点）

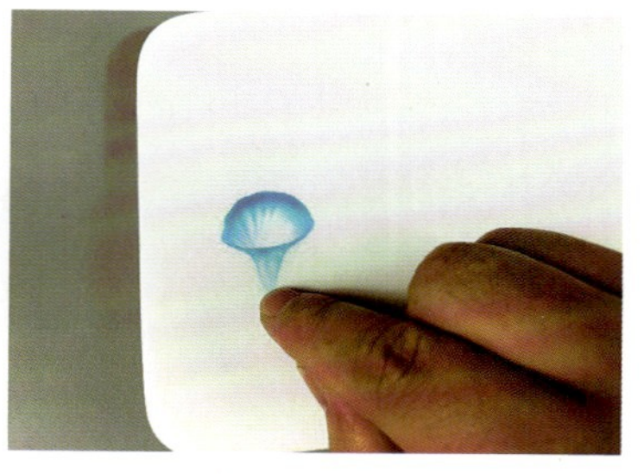

3. 手指轻轻拉下来

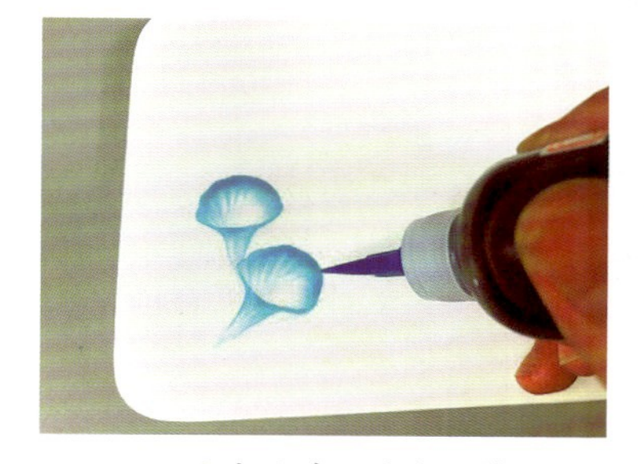

4. 画出另外一朵喇叭花

5. 画出叶子

6. 画出架子

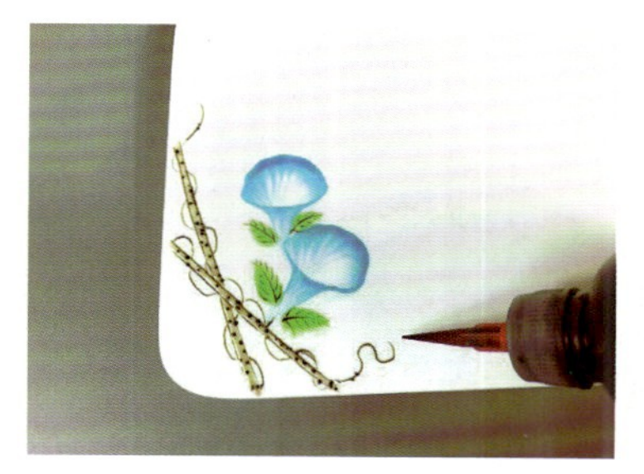

7. 用灰色果酱上色，画出藤蔓等

8. 画出花蕊等，并点缀

任务评价：

个人自评、小组互评、教师总评（评价表见附录2）。

任务作业：

1. 课后练习喇叭花（2）的画法。
2. 结合国画风格，设计水墨风格的喇叭花作品。

任务30　荷花

荷花

荷花

2.30.1　任务准备

1）原料

粉红色果酱、灰色果酱、黑色果酱、绿色果酱、黄色果酱等。

2）器皿

白色长平板碟。

2.30.2　任务实施

第一步：教师示范（操作分解步骤如图）。

第二步：学生制作（模仿教师操作）。

学生根据教学要求完成个人实训任务。

2.30.3 操作分解步骤

1. 用黑色果酱画出荷花的花瓣

2. 用黑色果酱画出荷花的花瓣

3. 用黑色果酱画出荷花的花瓣

4. 画出两个未开的花苞

5. 上色

6. 画出梗等

7. 画出水草等，并点缀

任务评价：

个人自评、小组互评、教师总评（评价表见附录2）。

任务作业：

1. 课后练习荷花的画法。
2. 尝试不同动态的荷花画法。

任务31　荷叶（1）

荷叶（1）

荷叶（1）

2.31.1　任务准备

1）原料

深绿色果酱、灰色果酱、黑色果酱、大红色果酱、中绿色果酱等。

2）器皿

白色长平板碟。

2.31.2　任务实施

第一步：教师示范（操作分解步骤如图）。

第二步：学生制作（模仿教师操作）。

学生根据教学要求完成个人实训任务。

2.31.3　操作分解步骤

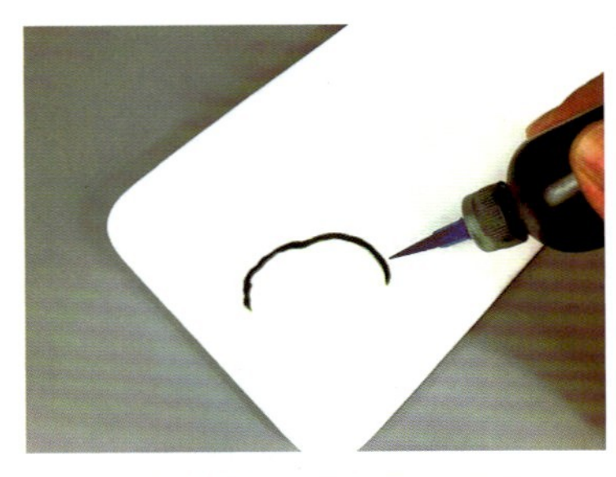

1. 用深绿色果酱画出弧线

2. 用手指抹出纹路

3. 画出波浪线（两头细中间粗）

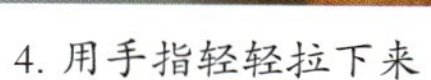
4. 用手指轻轻拉下来

5. 画出细线

6. 画出荷叶纹路

7. 画出荷花苞、小荷叶等

8. 画出水草等，并点缀

任务评价：

个人自评、小组互评、教师总评（评价表见附录2）。

任务作业：

1. 课后练习荷叶（1）的画法。
2. 结合国画风格，设计水墨风格的荷叶作品。

任务32　荷叶（2）

荷叶（2）

荷叶（2）

2.32.1 任务准备

1）原料

灰色果酱、黑色果酱等。

2）器皿

白色扇形平板碟。

2.32.2 任务实施

第一步：教师示范（操作分解步骤如图）。

第二步：学生制作（模仿教师操作）。

学生根据教学要求完成个人实训任务。

2.32.3 操作分解步骤

1. 画出弧线，用手指拉出荷叶的纹路

2. 画出两边卷起的荷叶

3. 画出荷叶的叶脉

4. 画出荷花

5. 画出梗等

6. 画出水草等，并点缀

任务评价：

个人自评、小组互评、教师总评（评价表见附录2）。

任务作业：

1. 课后练习荷叶（2）的画法。
2. 小组分工，收集荷叶作品与菜肴进行搭配的照片。

任务33 茄子

茄子

茄子

2.33.1 任务准备

1）原料

黑色果酱、紫色果酱、深绿色果酱、灰色果酱、黄色果酱、大红色果酱等。

2) 器皿

白色平板碟。

2.33.2 任务实施

第一步：教师示范（操作分解步骤如图）。

第二步：学生制作（模仿教师操作）。

学生根据教学要求完成个人实训任务。

2.33.3 操作分解步骤

1. 用紫色果酱点出两个大点

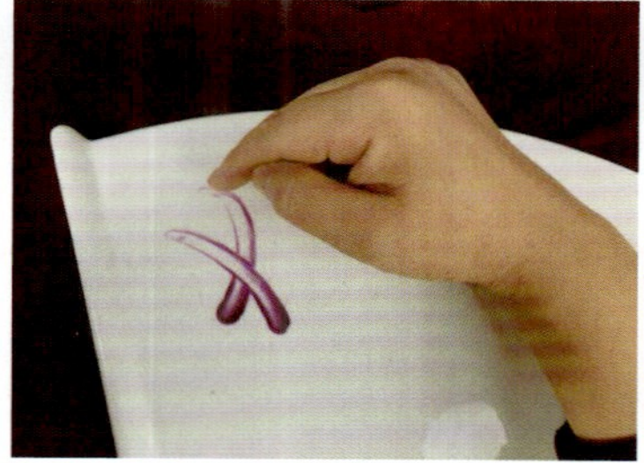

2. 用手指按住向上提，画出茄身

3. 用深绿色果酱点几个点

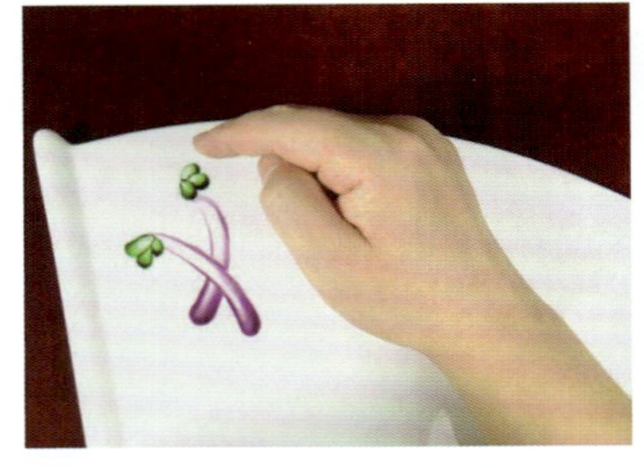

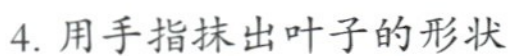
4. 用手指抹出叶子的形状

5. 用黑色果酱和灰色果酱画出叶子

6. 画出叶脉

7. 画出藤蔓等

8. 画出其他部分，完成作品

任务评价：

个人自评、小组互评、教师总评（评价表见附录2）。

任务作业：

1. 课后练习茄子的画法。
2. 完成练习后，写心得体会。

任务34　葡萄

葡萄

葡萄

2.34.1　任务准备

1）原料

黑色果酱、紫色果酱、蓝紫色果酱、绿色果酱、大红色果酱等。

2）器皿

白色圆形平板碟。

2.34.2　任务实施

第一步：教师示范（操作分解步骤如图）。

第二步：学生制作（模仿教师操作）。

学生根据教学要求完成个人实训任务。

2.34.3　操作分解步骤

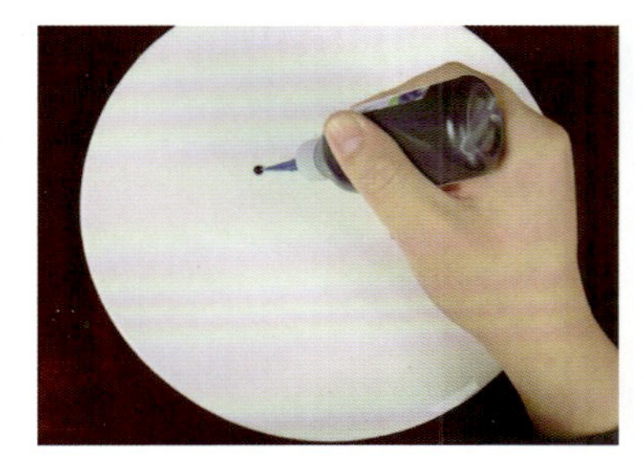

1. 用紫色果酱点出一个小点

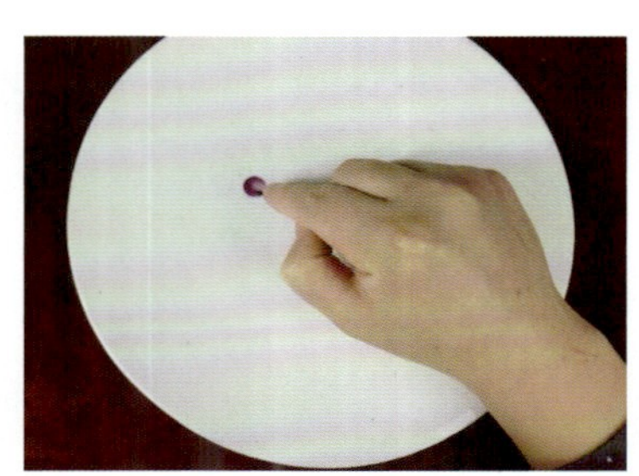

2. 用手指抹出一个葡萄

3. 用同样的方法点出多个小点，并抹出多个葡萄

4. 用同样的方法点出多个小点，抹出一串葡萄

5. 用蓝紫色果酱点出多个小点，抹出一串葡萄

6. 用绿色果酱画出叶子，用黑色果酱画出叶脉

7. 用黑色果酱画出藤蔓等

8. 题字，完成作品

任务评价：

个人自评、小组互评、教师总评（评价表见附录2）。

任务作业：

1. 课后练习葡萄的画法。
2. 完成练习后，写心得体会。

任务35　兰花

兰花

2.35.1　任务准备

1）原料

黑色果酱、大红色果酱、绿色果酱、白色果酱等。

2）器皿

白色圆形平板碟。

2.35.2　任务实施

第一步：教师示范（操作分解步骤如图）。

第二步：学生制作（模仿教师操作）。

学生根据教学要求完成个人实训任务。

2.35.3 操作分解步骤

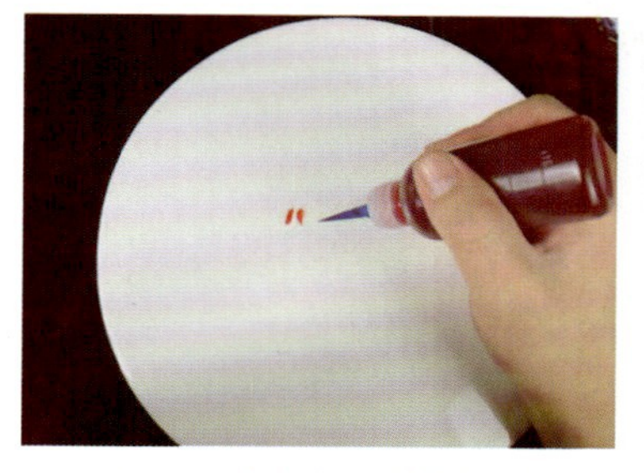
1. 用大红色果酱画出两条短线

2. 用手指轻轻向下拉，拉出纹路

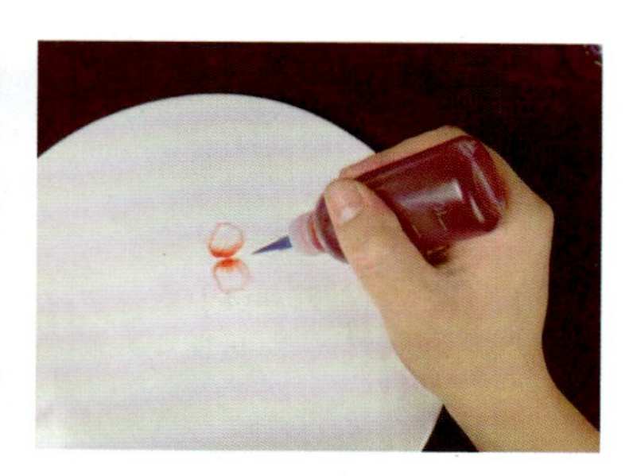
3. 用大红色果酱画出大花瓣

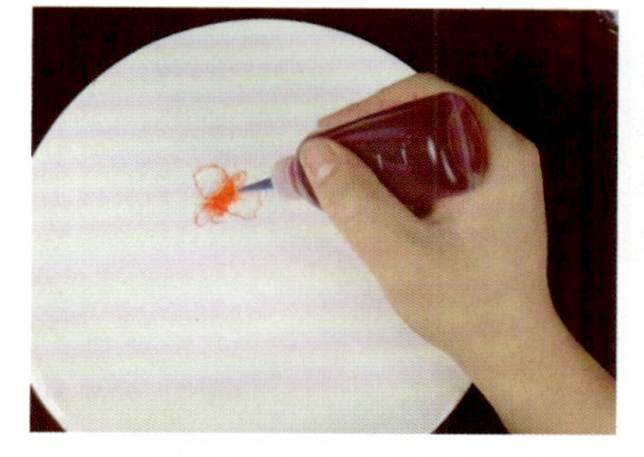
4. 用大红色果酱画出小花瓣

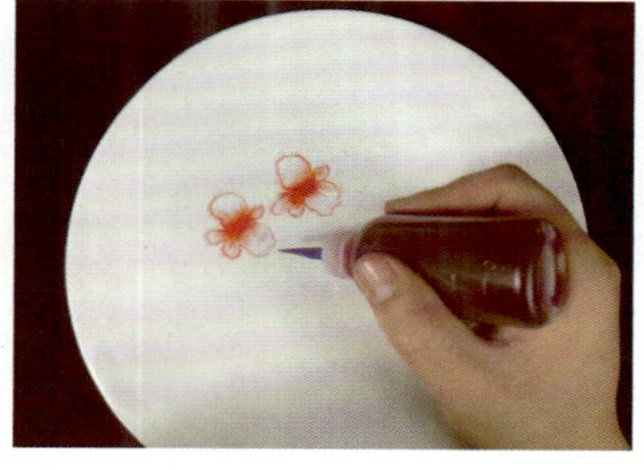
5. 用同样的方法，画出另外一朵花

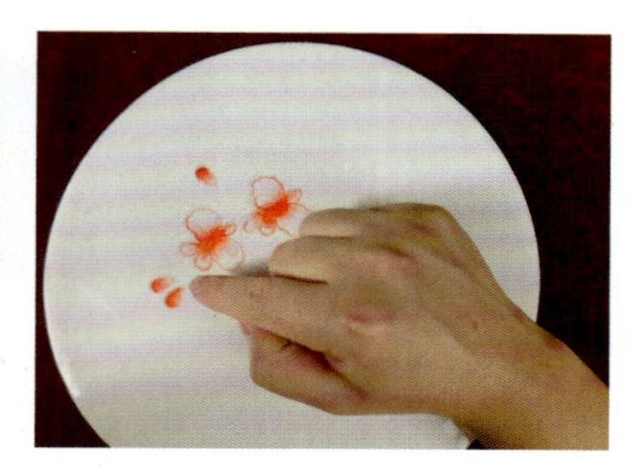
6. 用手指抹出3个花苞

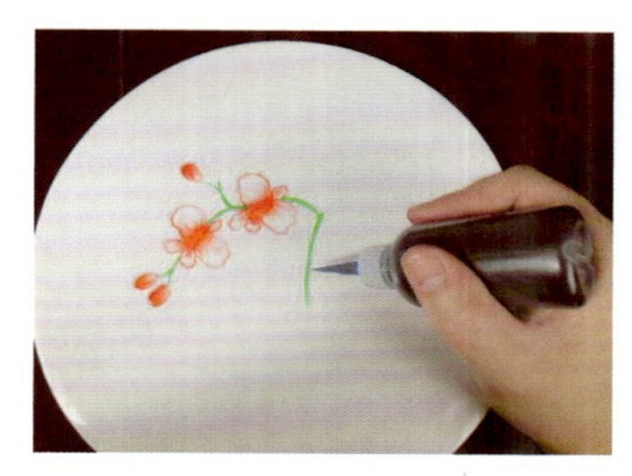
7. 用绿色果酱画出枝干

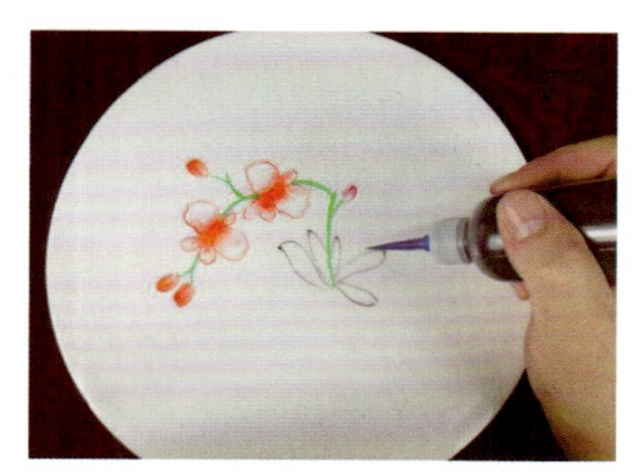
8. 用黑色果酱画出叶子的轮廓

9. 用绿色果酱填色，画出叶子

10. 用黑色果酱和白色果酱画出花蕊等

任务评价：

个人自评、小组互评、教师总评（评价表见附录2）。

任务作业：

1. 课后练习兰花的画法。
2. 结合国画风格，设计水墨风格的兰花作品。

任务36　太阳花

太阳花

2.36.1　任务准备

1）原料

黑色果酱、大红色果酱、黄色果酱、深绿色果酱等。

2）器皿

白色平板碟。

2.36.2　任务实施

第一步：教师示范（操作分解步骤如图）。

第二步：学生制作（模仿教师操作）。

学生根据教学要求完成个人实训任务。

2.36.3　操作分解步骤

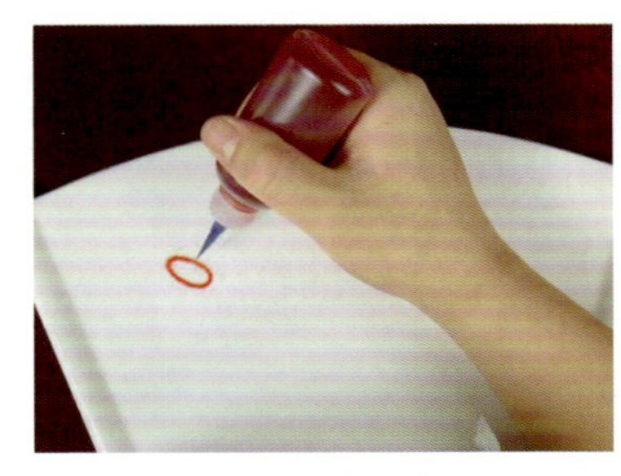

1. 用大红色果酱画出椭圆形

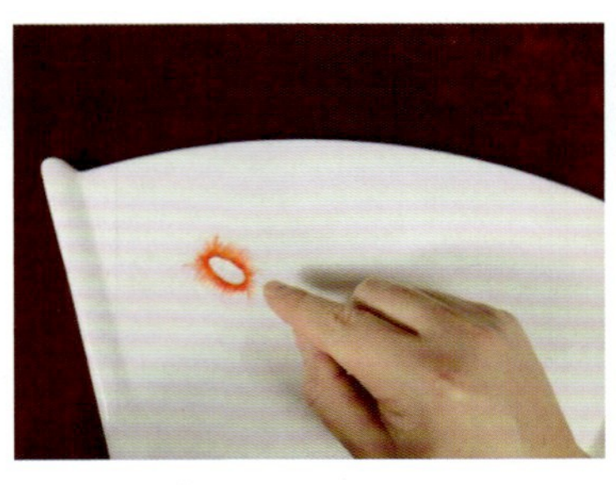

2. 用手指按住，轻轻向下拉

3. 用黑色果酱画出花瓣

4. 用黄色果酱填充花蕊

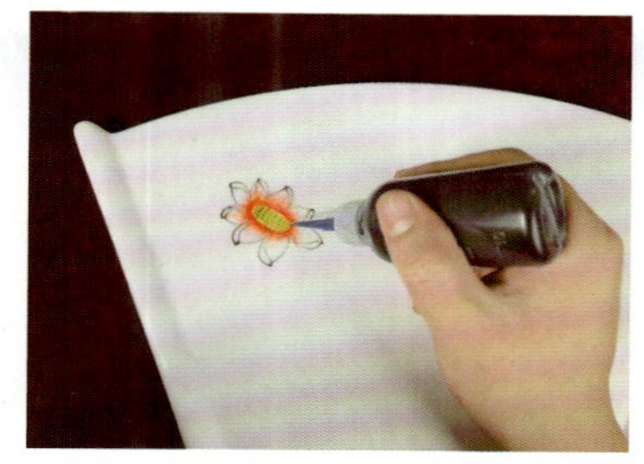
5. 用黑色果酱画出若干十字交叉线

6. 用大红色果酱点出小点

7. 画出叶子等

8. 画出小草，并点缀

任务评价：

个人自评、小组互评、教师总评（评价表见附录2）。

任务作业：

1. 课后练习兰花的画法。
2. 结合国画风格，设计水墨风格的兰花作品。

任务37　两笔鸟

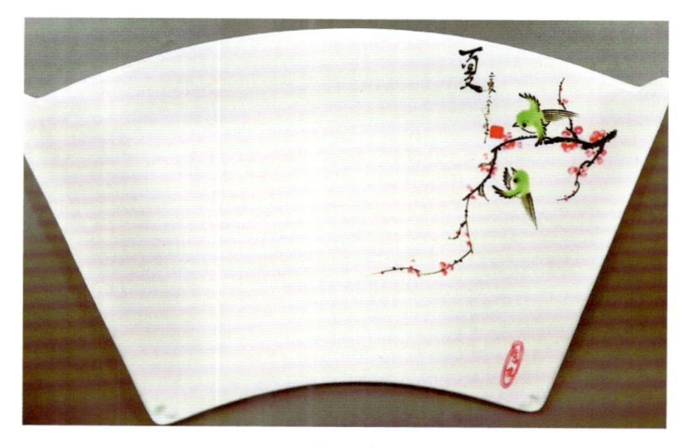
两笔鸟

两笔鸟

2.37.1 任务准备

1）原料

黑色果酱、大红色果酱、中绿色果酱、棉签等。

2）器皿

白色方平板碟。

2.37.2 任务实施

第一步：教师示范（操作分解步骤如图）。

第二步：学生制作（模仿教师操作）。

学生根据教学要求完成个人实训任务。

2.37.3 操作分解步骤

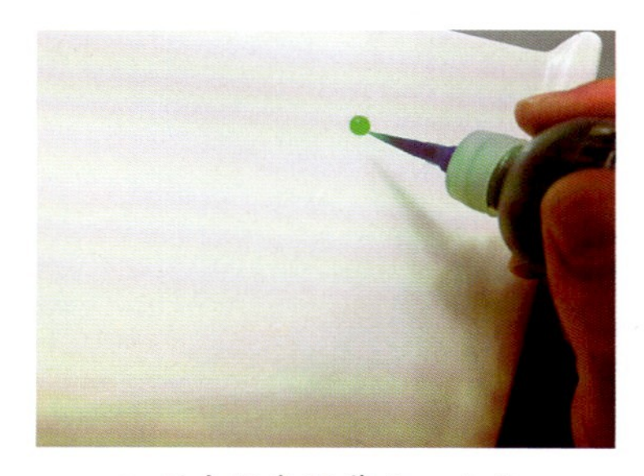

1. 用中绿色果酱点一个点

2. 用手指按住，轻轻向后拉

3. 用中绿色果酱画出鸟的翅膀

4. 用手指或棉签把翅膀拉开

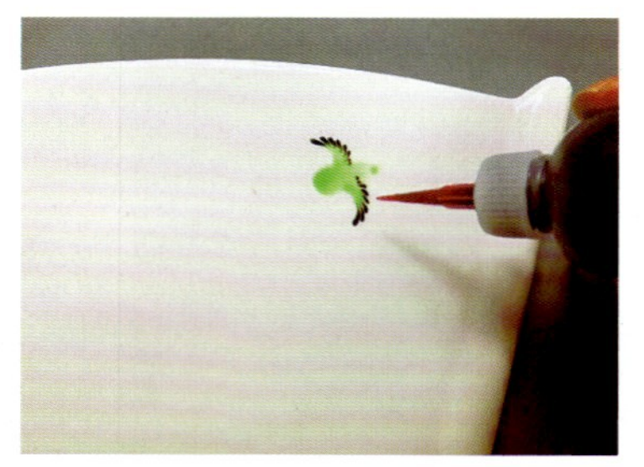

5. 用黑色果酱画出鸟的翅尖

6. 用黑色果酱画出鸟的眼睛、嘴巴、尾巴等

7. 用同样的方法画出另外一只鸟

8. 用黑色果酱画出树枝等

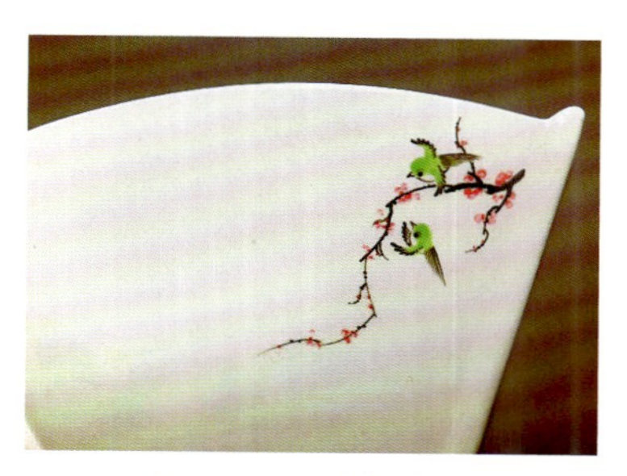

9. 用大红色果酱画出梅花等

10. 完成作品

任务评价：

个人自评、小组互评、教师总评（评价表见附录2）。

任务作业：

1. 课后练习两笔鸟的画法。
2. 画出与桃子搭配的作品。

任务38　三笔鸟

三笔鸟

三笔鸟

2.38.1　任务准备

1）原料

粉红色果酱、蓝色果酱、深绿色果酱、黑色果酱、灰色果酱、大红色果酱等。

2）器皿

白色圆平板碟。

2.38.2 任务实施

第一步：教师示范（操作分解步骤如图）。

第二步：学生制作（模仿教师操作）。

学生根据教学要求完成个人实训任务。

2.38.3 操作分解步骤

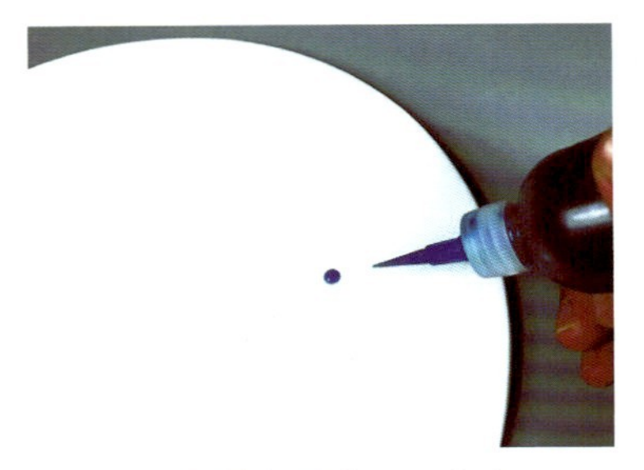

1. 用蓝色果酱点一个点

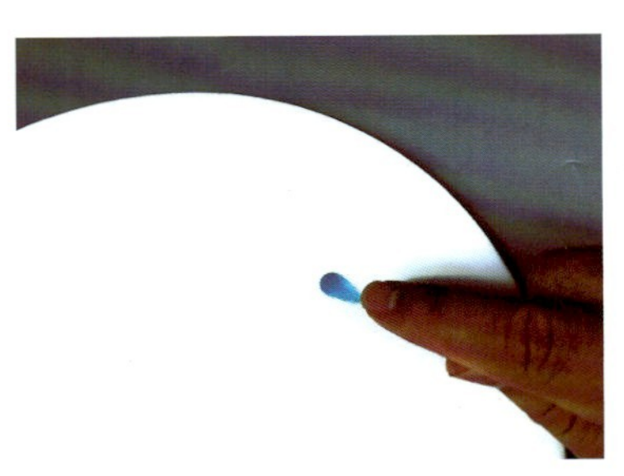

2. 用手指按住轻轻向后拉

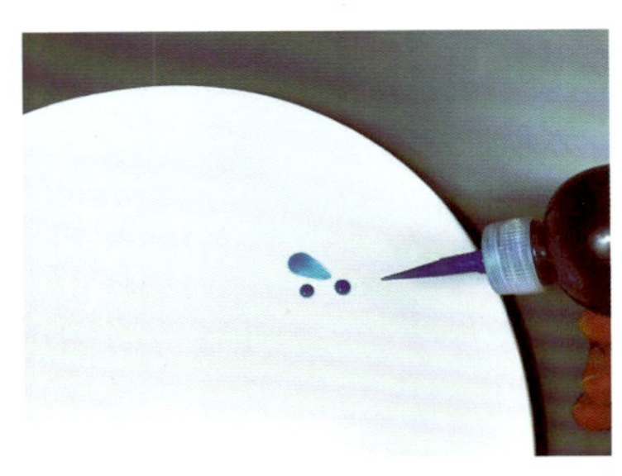

3. 点出两个点（注意位置）

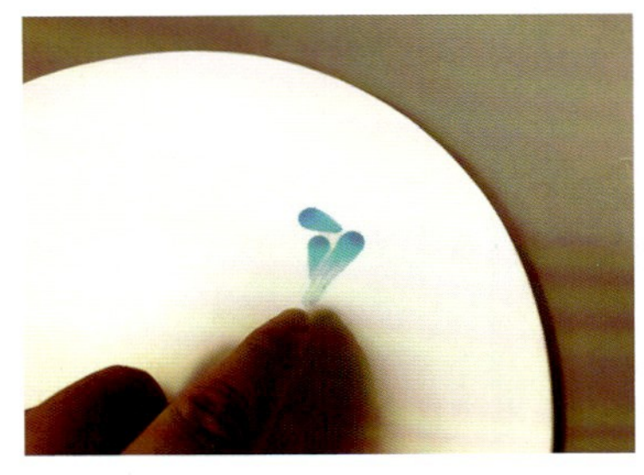

4. 用手指按住轻轻向后拉

5. 用黑色果酱画出尾尖

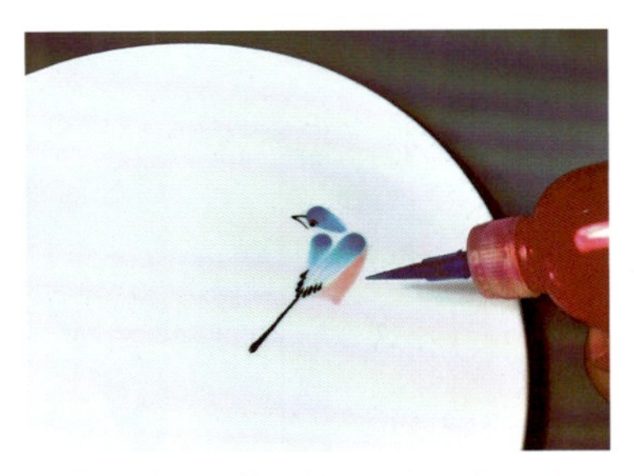

6. 用黑色果酱画出尾巴，用粉红色果酱画出肚子（尾巴与身体比例为1：1）

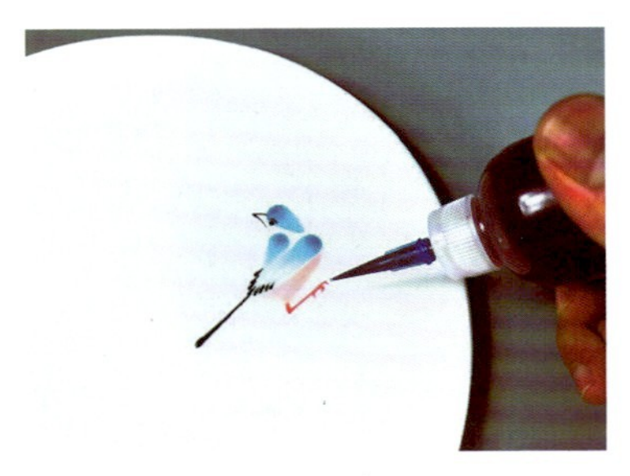

7. 用大红色果酱画出爪子

8. 画出荷叶、荷花苞等

9. 画出水草等，并点缀

任务评价：

个人自评、小组互评、教师总评（评价表见附录2）。

任务作业：

1. 课后练习三笔鸟的画法。
2. 设计并画出与丝瓜搭配的作品。

任务39 八哥

八哥

八哥

2.39.1 任务准备

1）原料

大红色果酱、橙红色果酱、黑色果酱、中绿色果酱等。

2）器皿

白色圆平板碟。

2.39.2 任务实施

第一步：教师示范（操作分解步骤如图）。

第二步：学生制作（模仿教师操作）。

学生根据教学要求完成个人实训任务。

2.39.3 操作分解步骤

1. 用大红色果酱挤出一点

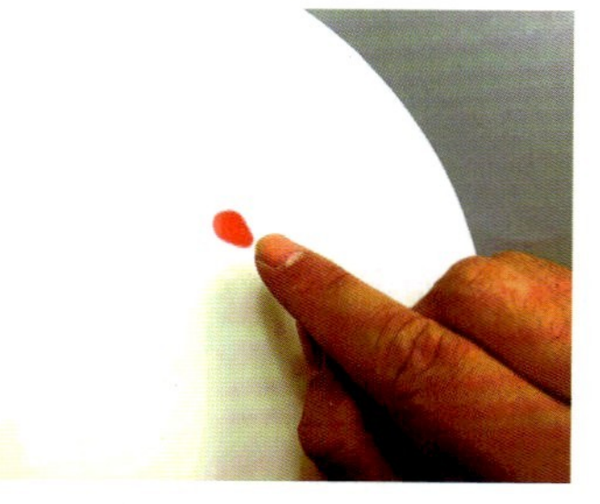

2. 用手指按住轻轻向后拉

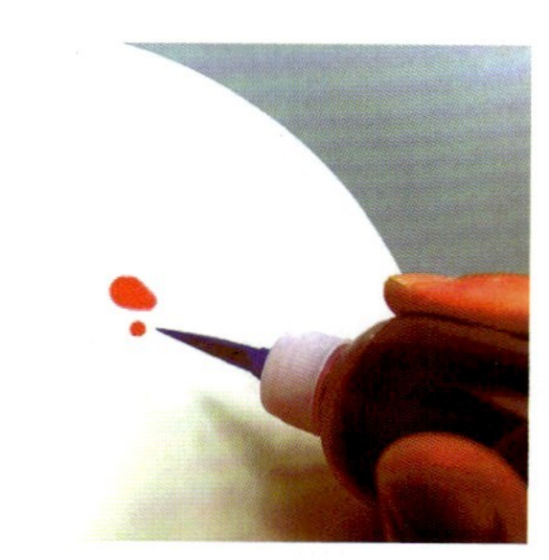

3. 挤出一个小点（注意位置）

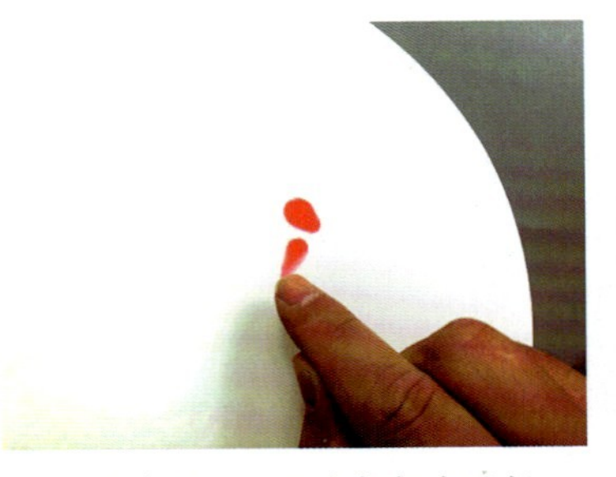

4. 用手指按住小点轻轻向后拉

5. 用橙红色果酱画出八哥的身体

6. 用黑色果酱画出八哥的尾部和爪子

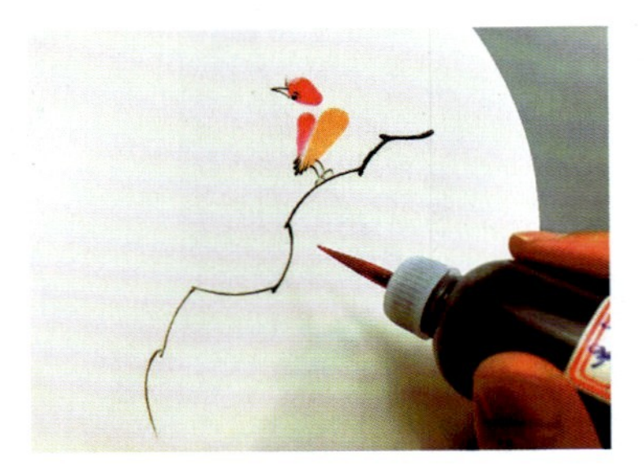

7. 用黑色果酱画出树枝

8. 用中绿色果酱挤出3个点

9. 用手指拉出叶子

10. 用黑色果酱画出叶脉等，用大红色果酱点缀

任务评价：

个人自评、小组互评、教师总评（评价表见附录2）。

任务作业：

1. 课后练习八哥的画法。
2. 设计并画出与月季花搭配的作品，学会举一反三。

任务40　小雀

小雀

小雀

2.40.1　任务准备

1）原料

大红色果酱、灰色果酱、黑色果酱、橙红色果酱、绿色果酱等。

2）器皿

白色长平板碟。

2.40.2　任务实施

第一步：教师示范（操作分解步骤如图）。

第二步：学生制作（模仿教师操作）。

学生根据教学要求完成个人实训任务。

2.40.3　操作分解步骤

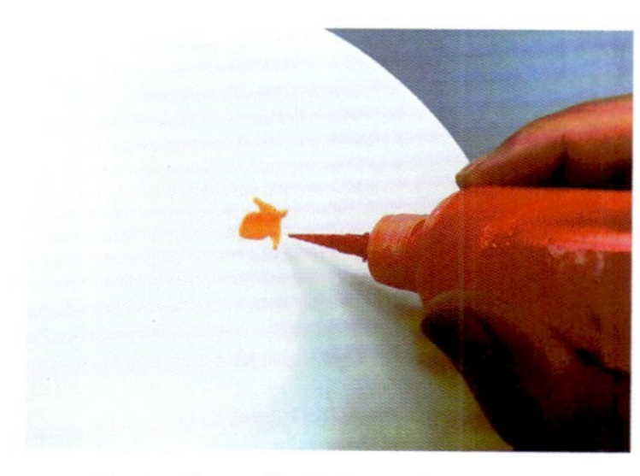
1. 用橙红色果酱画出小雀的头部和翅膀轮廓

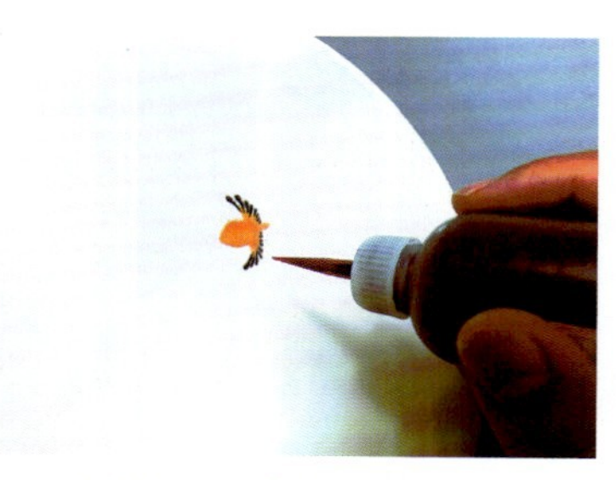
2. 用黑色果酱画出小雀的翅膀和羽毛

3. 用黑色果酱画出小雀的眼睛和嘴巴

4. 画出小雀的肚子和尾巴

5. 用橙红色果酱画出另外一只小雀的轮廓

6. 用黑色果酱画出小雀的羽毛、眼睛和嘴巴

7. 画出小雀的身体等

8. 画出小雀的爪子等

9. 画出树枝、叶子等，并点缀

任务评价：

个人自评、小组互评、教师总评（评价表见附录2）。

任务作业：

1. 课后练习小雀的画法。
2. 设计并画出与梅花搭配的作品，学会举一反三。

任务41　小燕子

小燕子

小燕子

2.41.1 任务准备

1）原料

粉红色果酱、中黑色果酱、大红色果酱、绿色果酱、黑色果酱等。

2）器皿

白色长平板碟。

2.41.2 任务实施

第一步：教师示范（操作分解步骤如图）。

第二步：学生制作（模仿教师操作）。

学生根据教学要求完成个人实训任务。

2.41.3 操作分解步骤

1. 用中黑色果酱画出小燕子的头部、眼睛和嘴巴

2. 画出小燕子的翅膀和尾部

3. 画出小燕子的腹部和爪子等

4. 画出另外一只小燕子

5. 用绿色果酱画出柳枝和柳叶等

6. 题字，完成作品

任务评价：

个人自评、小组互评、教师总评（评价表见附录2）。

任务作业：

1. 课后练习小燕子的画法。
2. 设计并画出与竹子搭配的作品。

任务42 螃蟹

螃蟹

螃蟹

2.42.1 任务准备

1）原料

灰色果酱、黑色果酱、红色果酱等。

2）器皿

白色长平板碟。

2.42.2 任务实施

第一步：教师示范（操作分解步骤如图）。

第二步：学生制作（模仿教师操作）。

学生根据教学要求完成个人实训任务。

2.42.3 操作分解步骤

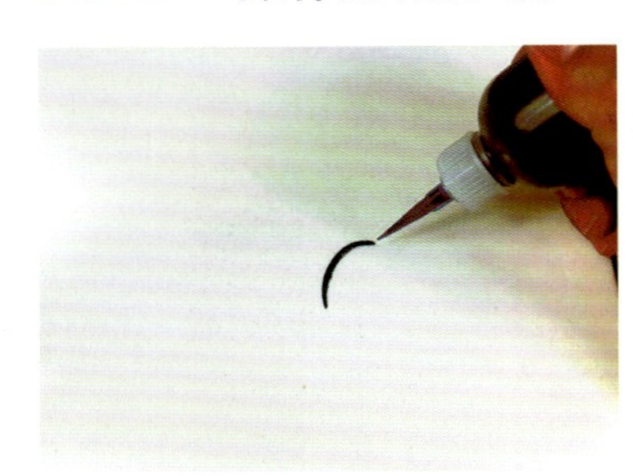

1. 用黑色果酱画出弧线

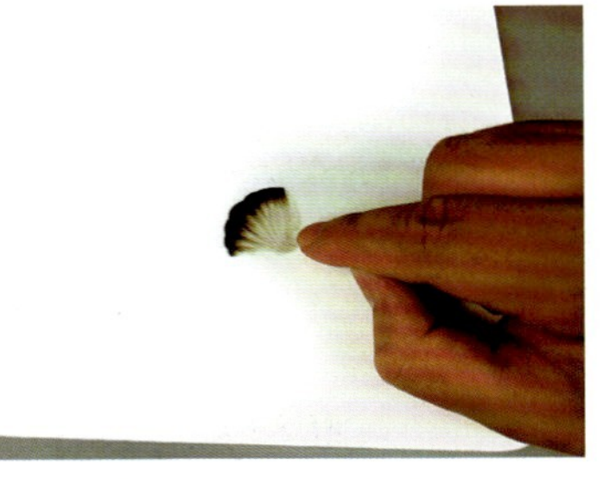

2. 用手指抹出纹路

3. 用黑色果酱画出螃蟹的轮廓

4. 画出螃蟹的脚

5. 画出螃蟹全部的脚

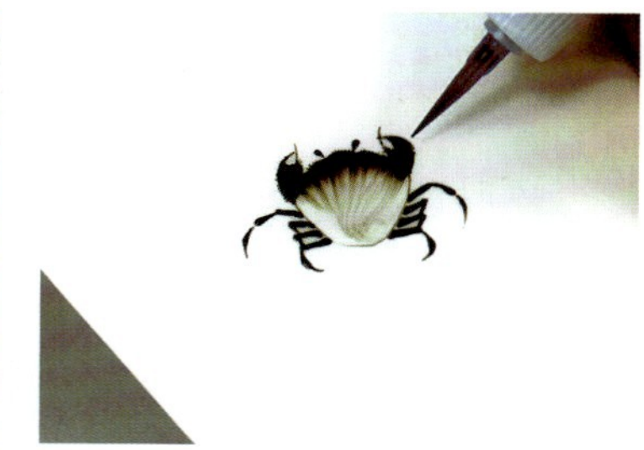

6. 画出螃蟹的大钳子和眼睛等

7. 用灰色果酱画出第二只螃蟹

8. 用黑色果酱画出第三只螃蟹

任务评价：

个人自评、小组互评、教师总评（评价表见附录2）。

任务作业：

1. 课后练习螃蟹的画法。
2. 设计并画出与螃蟹搭配的作品，学会举一反三。

任务43 虾（1）

虾（1）

虾（1）

2.43.1 任务准备

1）原料

大红色果酱、中黑色果酱、黑色果酱等。

2）器皿

白色圆平板碟。

2.43.2 任务实施

第一步：教师示范（操作分解步骤如图）。

第二步：学生制作（模仿教师操作）。

学生根据教学要求完成个人实训任务。

2.43.3 操作分解步骤

1. 用中黑色果酱挤出一点

2. 用手指按住轻轻向上抹

3. 画出虾的头和须

4. 画出虾的身体

5. 抹出纹路

6. 画出虾尾

7. 画出虾的长须和脚等

8. 画出虾的眼睛和大钳子等

任务评价：

个人自评、小组互评、教师总评（评价表见附录2）。

任务作业：

1. 课后练习虾（1）的画法。
2. 结合国画风格，设计水墨风格的作品。

任务44 虾（2）

虾（2）

虾（2）

2.44.1 任务准备

1）原料

中黑色果酱、黑色果酱、红色果酱等。

2）器皿

白色圆形平板碟。

2.44.2 任务实施

第一步：教师示范（操作分解步骤如图）。

第二步：学生制作（模仿教师操作）。

学生根据教学要求完成个人实训任务。

2.44.3 操作分解步骤

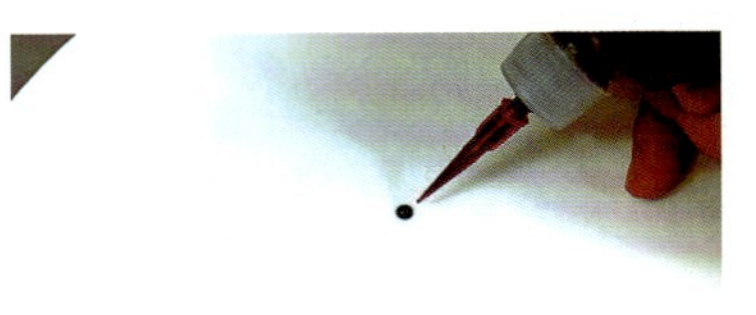

1. 挤出一个点

2. 用手指按住轻轻向前推

3. 画出虾头（两边都要尖）

4. 画出两条细线

5. 在头部后面挤出小点，用手指按住向下拉，并画出纹路

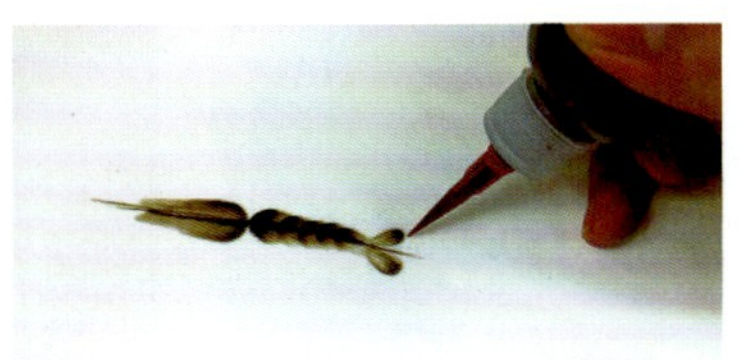

6. 先拉出5节，再画出虾尾

7. 画出虾须等

8. 画出虾的钳子、眼睛等

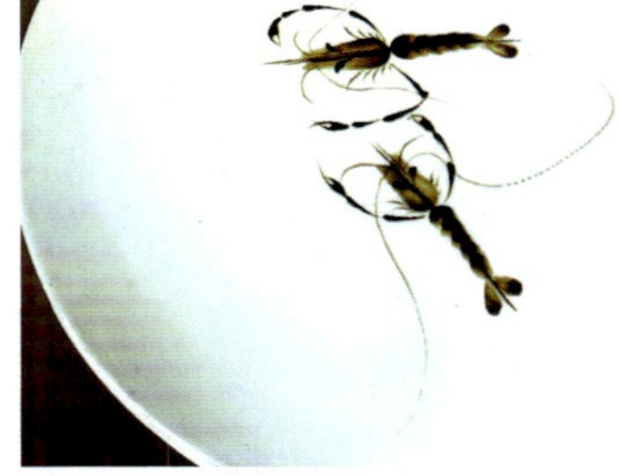

9. 用同样的方法画出另一只虾

任务评价：

个人自评、小组互评、教师总评（评价表见附录2）。

任务作业：

1. 课后练习虾（2）的画法。
2. 结合国画风格，设计水墨风格的作品。

任务45 简易鱼

简易鱼

简易鱼

2.45.1 任务准备

1）原料

大红色果酱、灰色果酱、黑色果酱。

2）器皿

白色长平板碟。

2.45.2 任务实施

第一步：教师示范（操作分解步骤如图）。

第二步：学生制作（模仿教师操作）。

学生根据教学要求完成个人实训任务。

2.45.3 操作分解步骤

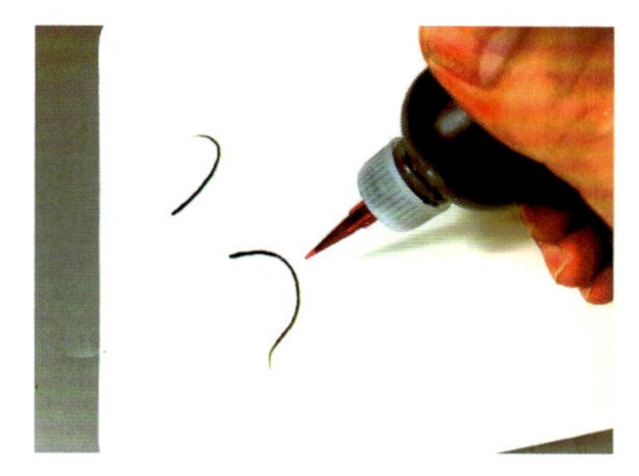

1. 用黑色果酱画出弧线

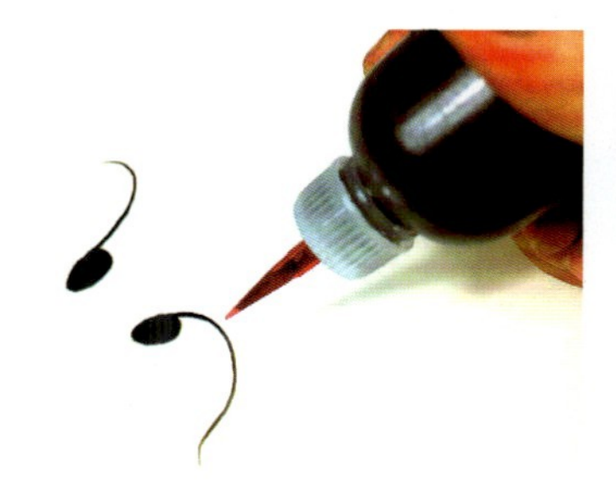

2. 画出鱼的头部

3. 画出鱼鳍等

4. 画出鱼鳞、鱼尾巴等

5. 画完两条鱼，并点缀

任务评价：

个人自评、小组互评、教师总评（评价表见附录2）。

任务作业：

1. 课后练习简易鱼的画法。
2. 小组分工，收集简易鱼作品与菜肴进行搭配的照片。

任务46 鲤鱼

鲤鱼

鲤鱼

2.46.1 任务准备

1）原料

大红色果酱、蓝色果酱、灰色果酱、黑色果酱、粉红色果酱等。

2）器皿

白色长平板碟。

2.46.2 任务实施

第一步：教师示范（操作分解步骤如图）。

第二步：学生制作（模仿教师操作）。

学生根据教学要求完成个人实训任务。

2.46.3 操作分解步骤

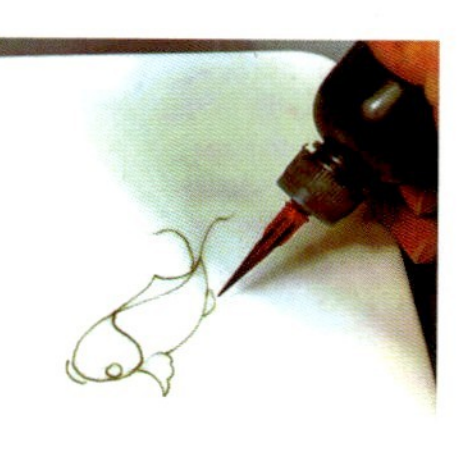

1. 用黑色果酱画出鲤鱼的轮廓

2. 用大红色果酱涂染鲤鱼的头部，用粉红色果酱涂染鲤鱼的肚子

3. 用大红色果酱涂染鲤鱼的脊背等部位

4. 涂染鱼鳍和尾部

5. 画出鱼鳞

6. 画出鲤鱼的眼睛和触须

7. 画出鱼鳍和尾部的纹路

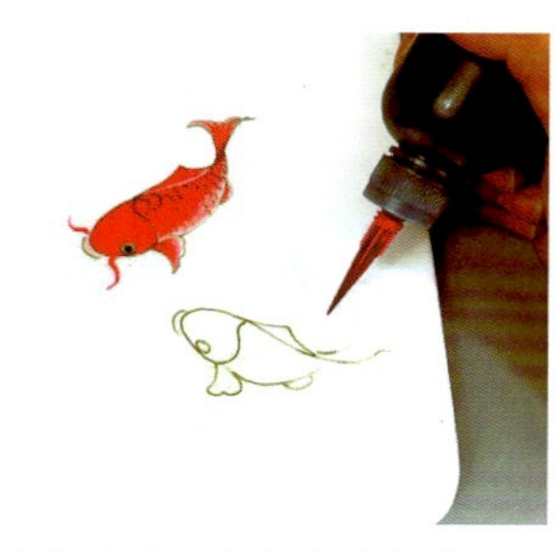

8. 画出另外一条鲤鱼的轮廓

9. 用蓝色果酱涂染

10. 画出小石子等，并点缀

任务评价：

个人自评、小组互评、教师总评（评价表见附录2）。

任务作业：

1. 课后练习鲤鱼的画法。
2. 小组分工，收集鲤鱼作品与菜肴进行搭配的照片。

任务47 金鱼

金鱼

金鱼

2.47.1 任务准备

1）原料

大红色果酱、灰色果酱、黑色果酱、黄色果酱、绿色果酱、蓝色果酱等。

2）器皿

白色长平板碟。

2.47.2 任务实施

第一步：教师示范（操作分解步骤如图）。

第二步：学生制作（模仿教师操作）。

学生根据教学要求完成个人实训任务。

2.47.3 操作分解步骤

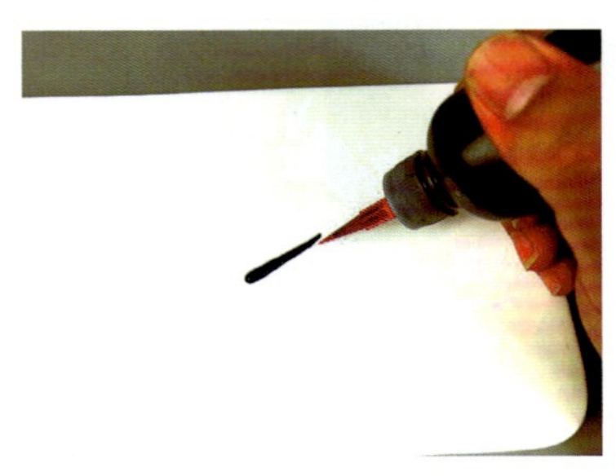
1. 用黑色果酱画出一条短线

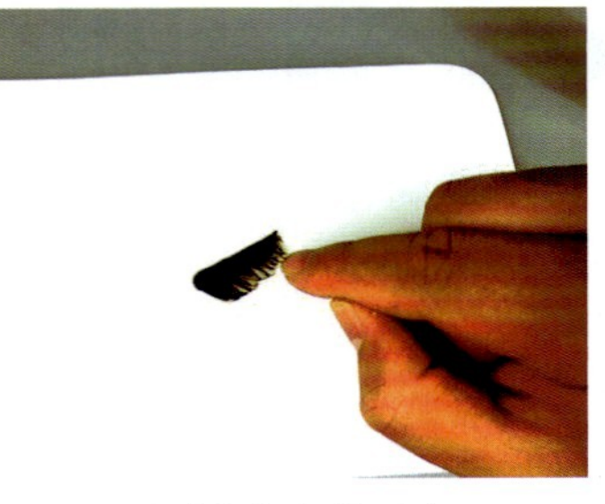
2. 用手指轻轻拉下来

3. 画出金鱼的头部、眼睛等

4. 画出金鱼的鱼鳍

5. 画出金鱼的肚子和鱼鳞

6. 画出尾部的小弯线

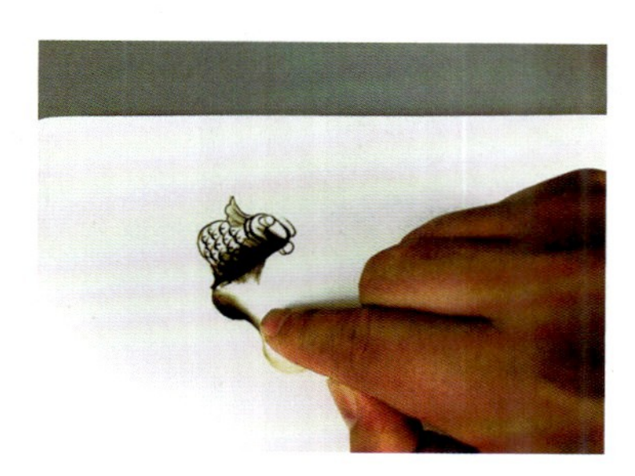

7. 用手指拉出尾巴

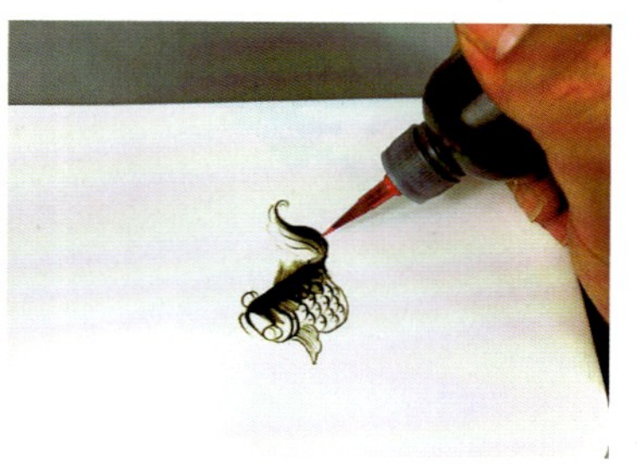

8. 用黑色果酱勾画出尾巴纹路

9. 用同样的方法画出金鱼的尾巴

10. 用荷花、荷叶等点缀

任务评价：

个人自评、小组互评、教师总评（评价表见附录2）。

任务作业：

1. 课后练习金鱼的画法。
2. 设计并画出与金鱼组合作品，学会举一反三。

任务48 翠鸟（1）

翠鸟（1）

翠鸟（1）

2.48.1 任务准备

1）原料

中绿色果酱、黑色果酱、粉红色果酱等。

2）器皿

白色圆平板碟。

2.48.2 任务实施

第一步：教师示范（操作分解步骤如图）。

第二步：学生制作（模仿教师操作）。

学生根据教学要求完成个人实训任务。

2.48.3 操作分解步骤

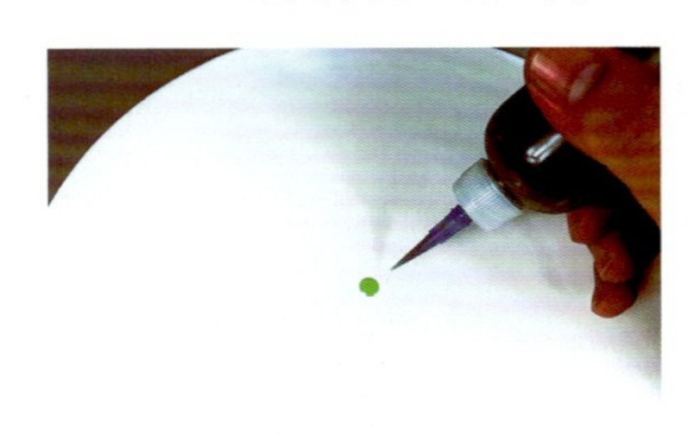

1. 用中绿色果酱点出一个点

2. 用手指轻轻按住向后拉，拉出翠鸟的头部

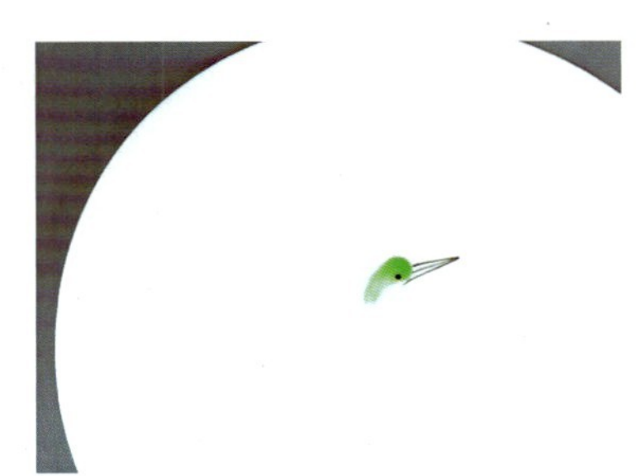

3. 用黑色果酱画出翠鸟的嘴巴和眼睛

4. 用中绿色果酱画出翠鸟身体的轮廓　　5. 用手指拉出翠鸟的身体　　6. 用黑色果酱画出翠鸟的翅膀

7. 用粉红色果酱画出翠鸟的胸部、腹部等，并为翠鸟的嘴上色

8. 用黑色果酱画出翠鸟的脚

任务评价：

个人自评、小组互评、教师总评（评价表见附录2）。

任务作业：

1. 课后练习翠鸟（1）的画法。
2. 设计并画出与翠鸟组合作品。

任务49 翠鸟（2）

翠鸟（2）

翠鸟（2）

2.49.1 任务准备

1）原料

紫色果酱、灰色果酱、黑色果酱、黄色果酱、绿色果酱、红色果酱等。

2）器皿

白色圆平板碟。

2.49.2 任务实施

第一步：教师示范（操作分解步骤如图）。

第二步：学生制作（模仿教师操作）。

学生根据教学要求完成个人实训任务。

2.49.3 操作分解步骤

1. 用紫色果酱点出一个小点

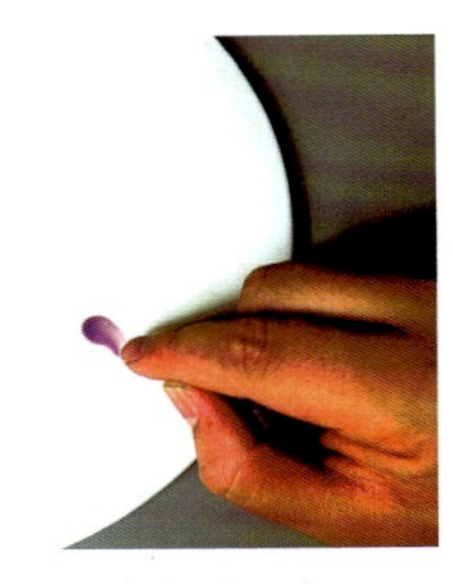

2. 用手指按住轻轻向下拉

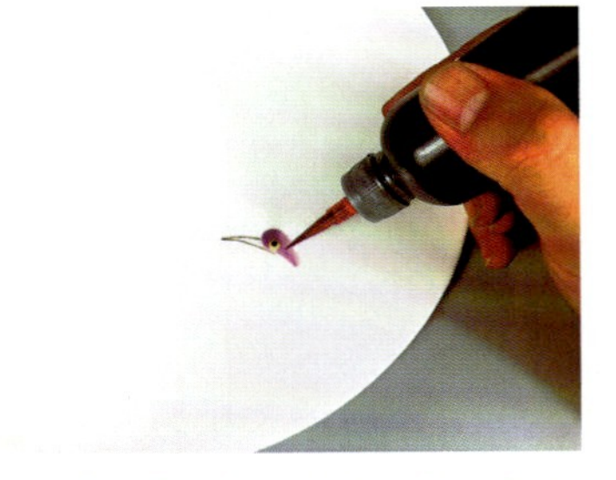

3. 用黑色果酱和黄色果酱画出翠鸟的眼睛和嘴巴

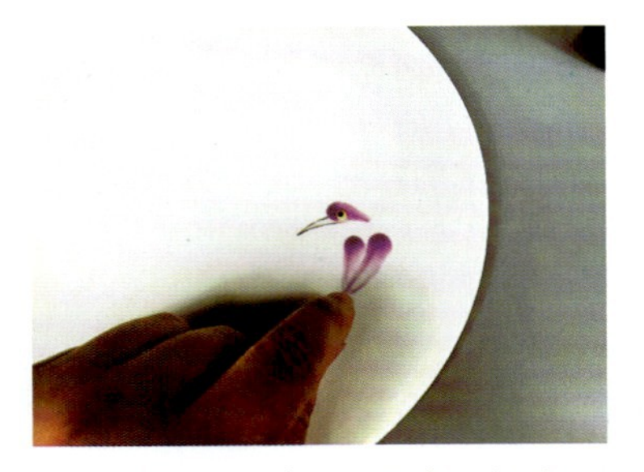

4. 用紫色果酱拉出翠鸟的翅膀

5. 用黑色果酱画出翠鸟的羽毛

6. 画出翠鸟的脖子和身体，用手指抹出尾巴

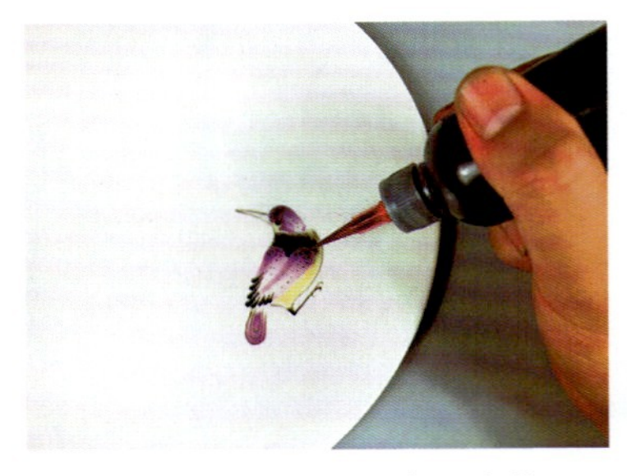

7. 画出纹路和翠鸟的脚等

8. 画出荷花、水草等点缀

任务评价：

个人自评、小组互评、教师总评（评价表见附录2）。

任务作业：

1. 课后练习翠鸟（2）的画法。
2. 小组分工，收集翠鸟作品与菜肴进行搭配的照片。

任务50 长尾鸟（1）

长尾鸟（1）

长尾鸟（1）

2.50.1 任务准备

1）原料

大红色果酱、紫色果酱、黑色果酱、红色果酱、蓝色果酱等。

2）器皿

白色扇形平板碟。

2.50.2 任务实施

第一步：教师示范（操作分解步骤如图）。

第二步：学生制作（模仿教师操作）。

学生根据教学要求完成个人实训任务。

2.50.3 操作分解步骤

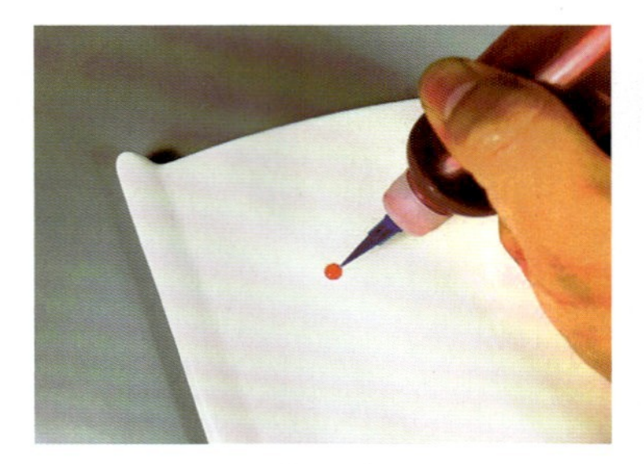

1. 用大红色果酱挤出一点

2. 用手指按住轻轻向下拉

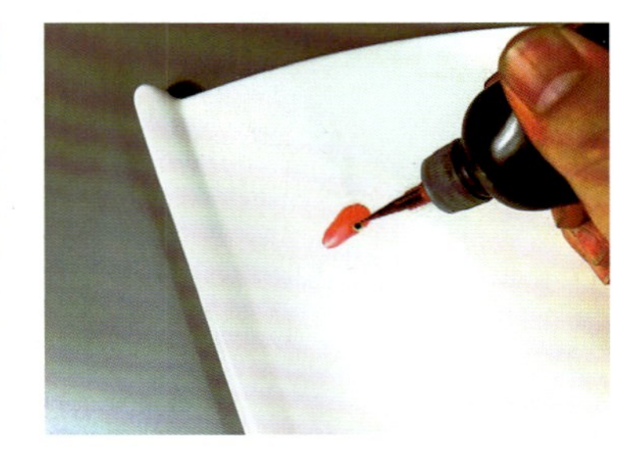

3. 画出长尾鸟的眼睛

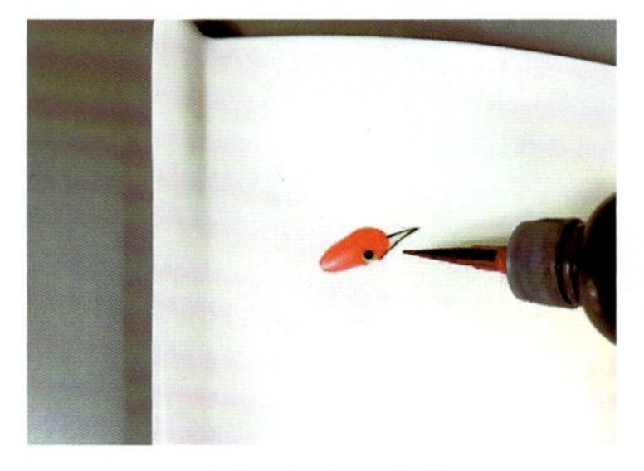

4. 画出长尾鸟的嘴巴

5. 挤出两个点（注意位置）

6. 用手指按住轻轻向下拉

7. 用黑色果酱画出长尾鸟的羽毛

8. 用黑色果酱画出长尾鸟的脖子、肚子等

9. 用红色果酱挤出一个点（注意位置）

10. 用手指按住轻轻向上拉

11. 用黑色果酱画出尾部纹路

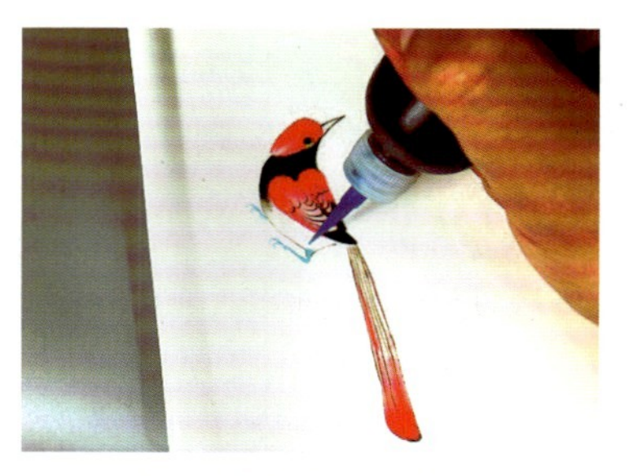

12. 用蓝色果酱画出长尾鸟的脚

13. 用黑色果酱画出树枝等

14. 用紫色果酱和棉签点出梅花

任务评价：

个人自评、小组互评、教师总评（评价表见附录2）。

任务作业：

1. 课后练习长尾鸟（1）的画法。
2. 查阅相关资料，设计不同动态的长尾鸟作品。

任务51　长尾鸟（2）

长尾鸟（2）

长尾鸟（2）

2.51.1　任务准备

1）原料

大红色果酱、紫色果酱、黑色果酱、中绿色果酱等。

2）器皿

白色圆平板碟。

2.51.2 任务实施

第一步：教师示范（操作分解步骤如图）。

第二步：学生制作（模仿教师操作）。

学生根据教学要求完成个人实训任务。

2.51.3 操作分解步骤

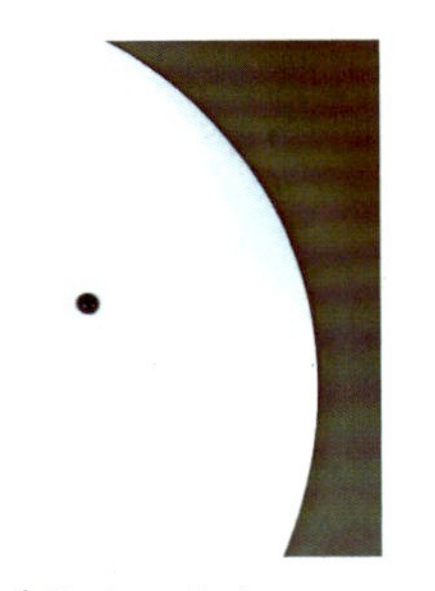

1. 用紫色果酱挤出一个点

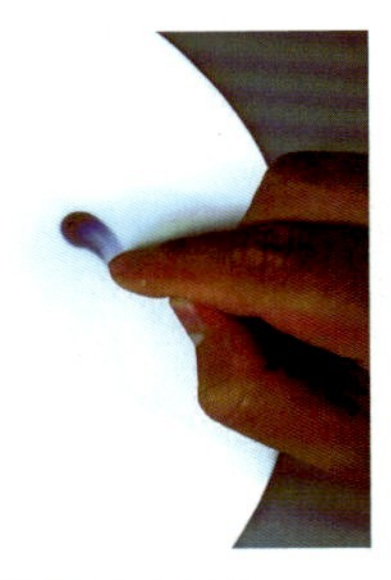

2. 用手指按住轻轻向下拉

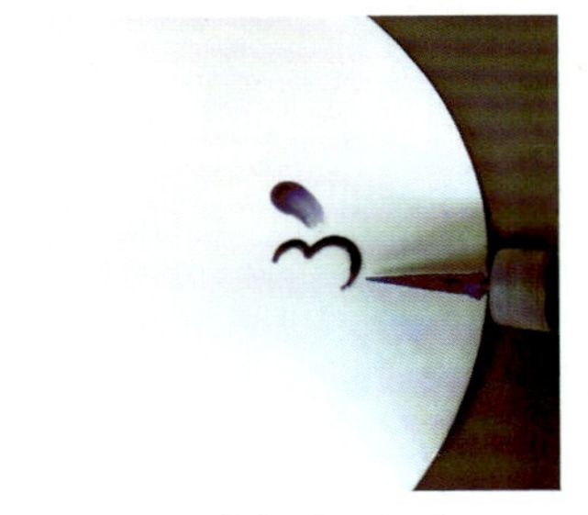

3. 画出长尾鸟翅膀的轮廓

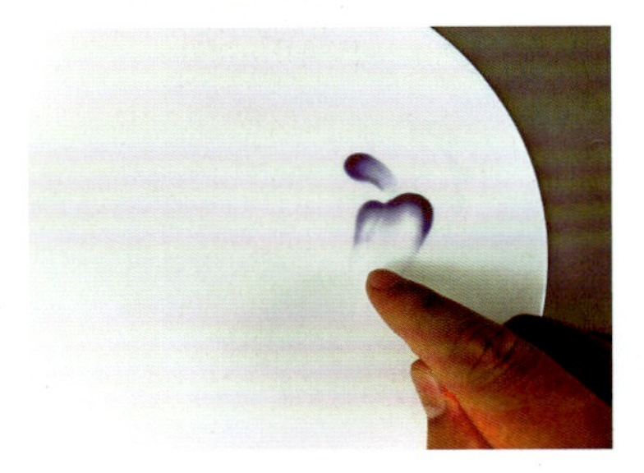

4. 抹出长尾鸟的翅膀

5. 画出长尾鸟的羽毛

6. 画出长尾鸟的眼睛和嘴巴

7. 用黑色果酱画出长尾鸟的脖子

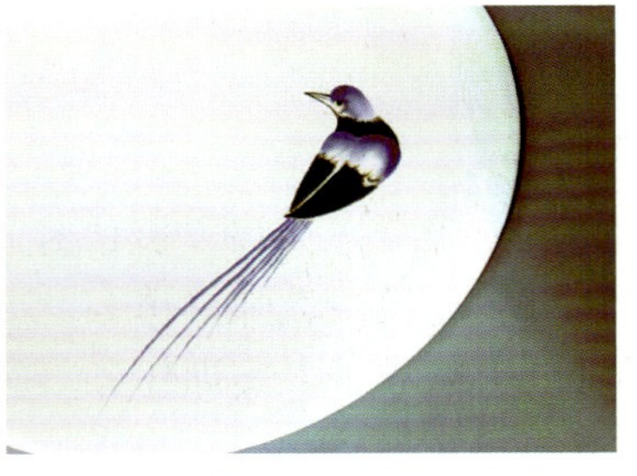

8. 用紫色果酱画出长尾鸟的尾巴

9. 用中绿色果酱和大红色果酱画出其余部分

10. 画出树枝、梅花等

任务评价：

个人自评、小组互评、教师总评（评价表见附录2）。

任务作业：

1.课后练习长尾鸟（2）的画法。
2.小组分工，收集长尾鸟作品与菜肴进行搭配的照片。

任务52　白鹤

白鹤

白鹤

2.52.1　任务准备

1）原料
大红色果酱、灰色果酱、黑色果酱等。
2）器皿
白色长平板碟。

2.52.2　任务实施

第一步：教师示范（操作分解步骤如图）。
第二步：学生制作（模仿教师操作）。
学生根据教学要求完成个人实训任务。

2.52.3　操作分解步骤

1. 画出白鹤的头和嘴

2. 画出白鹤的眼睛

3. 用黑色果酱画出白鹤的脖子

4. 用黑色果酱画出白鹤的翅膀

5. 画出白鹤的另外一只翅膀

6. 用灰色果酱打底，涂出翅膀，并点缀

7. 用黑色果酱画出白鹤的腹部、腿部等

8. 用灰色果酱打底

9. 用黑色果酱画出白鹤的腿

10. 画出另外一只白鹤的头和脖子

11. 画出白鹤的翅膀

12. 画出另外一只翅膀

13. 画出白鹤的腿、脚等

14. 用黑色果酱画出白鹤的其他部分

15. 点缀，完成作品

任务评价：

个人自评、小组互评、教师总评（评价表见附录2）。

任务作业：

1. 课后练习白鹤的画法。
2. 设计并画出与白鹤组合作品。

任务53 守望图

守望图

守望图

2.53.1 任务准备

1）原料

橙红色果酱、灰色果酱、黑色果酱、黄色果酱、绿色果酱等。

2）器皿

白色长平板碟。

2.53.2 任务实施

第一步：教师示范（操作分解步骤如图）。

第二步：学生制作（模仿教师操作）。

学生根据教学要求完成个人实训任务。

2.53.3 操作分解步骤

1. 用橙红色果酱画出鸟的头部轮廓

2. 画出鸟的眼睛、鼻子和翅膀

3. 画出鸟的羽毛、腹部等

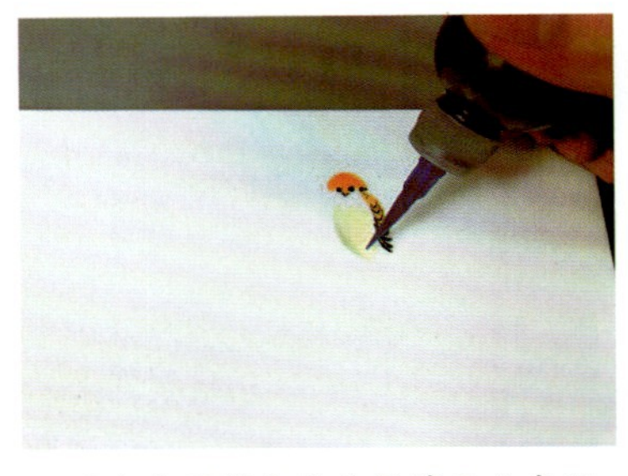

4. 用灰色果酱和黄色果酱画出鸟腹部的轮廓

5. 用同样的方法画出另外一只鸟

6. 搭配装饰，完成作品

任务评价：

个人自评、小组互评、教师总评（评价表见附录2）。

任务作业：

1. 课后练习守望图的画法。
2. 查阅相关资源，设计新作品，学会举一反三。

任务54　趣味图

趣味图

趣味图

2.54.1　任务准备

1）原料

大红色果酱、黑色果酱、蓝色果酱等。

2）器皿

白色扇形平板碟。

2.54.2　任务实施

第一步：教师示范（操作分解步骤如图）。

第二步：学生制作（模仿教师操作）。
学生根据教学要求完成个人实训任务。

2.54.3 操作分解步骤

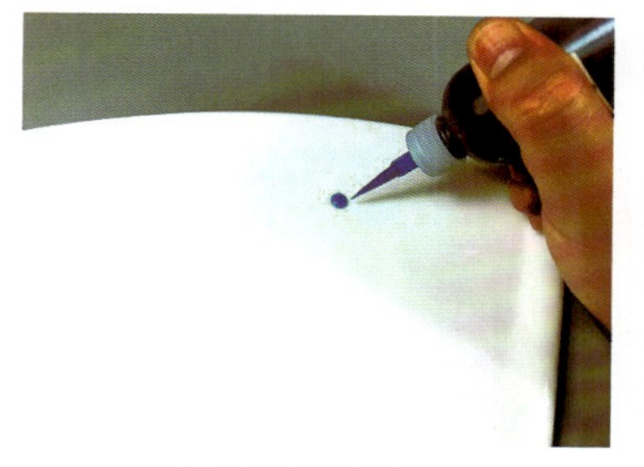

1. 用蓝色果酱挤出一个点

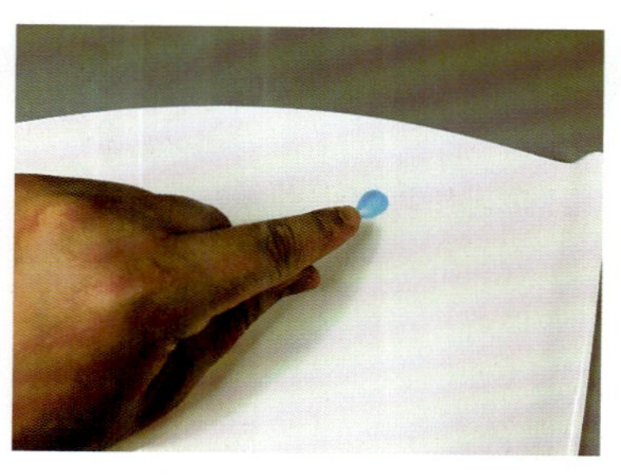

2. 用手指按住轻轻向下拉

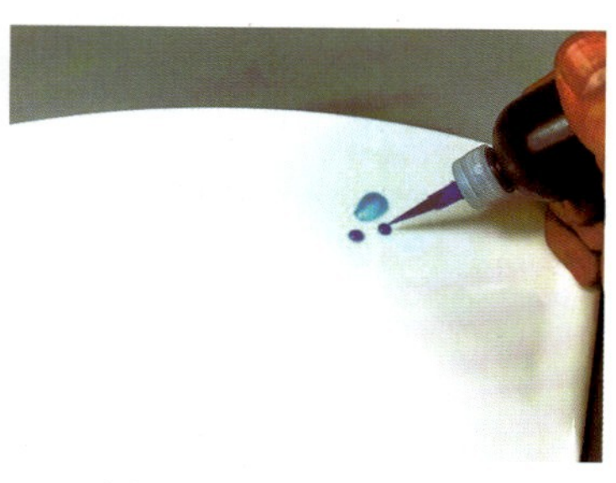

3. 用蓝色果酱挤出两个点（注意位置）

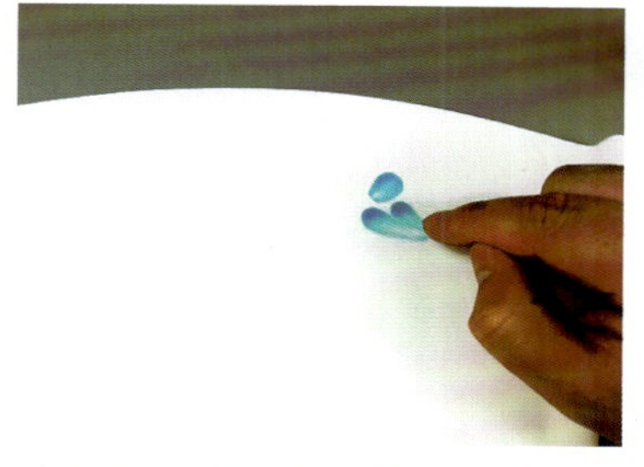

4. 用手指按住轻轻向下拉（注意拉的方向）

5. 画出鸟的眼睛和嘴巴

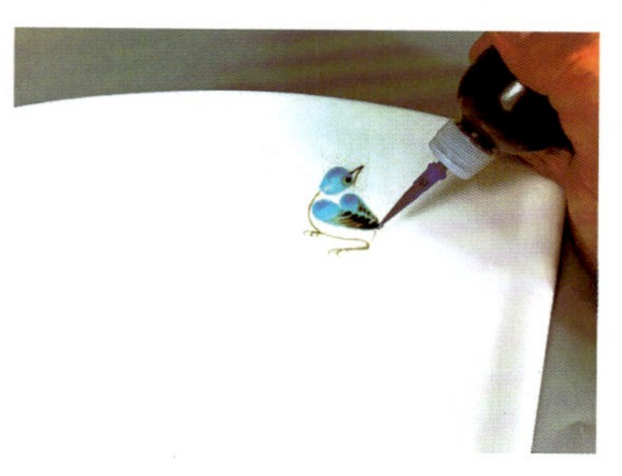

6. 用黑色果酱画出鸟的翅膀、腹部、脚等

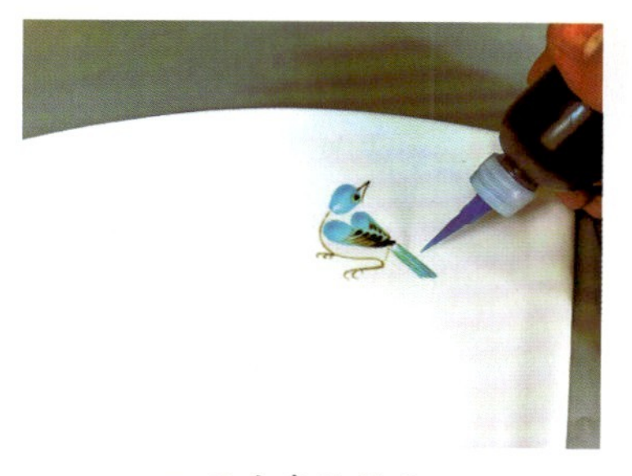

7. 画出鸟的尾巴

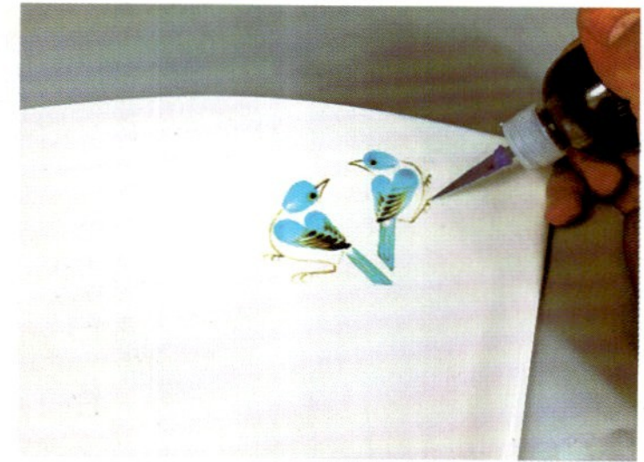

8. 用同样的方法画出另外一只不同动态的鸟

9. 搭配树枝、树叶等装饰，完成作品

任务评价：

个人自评、小组互评、教师总评（评价表见附录2）。

任务作业：

1. 课后练习趣味图的画法。
2. 查阅相关资源，设计新作品，学会举一反三。

任务55 寻食图

寻食图

2.55.1 任务准备

1）原料

大红色果酱、灰色果酱、黑色果酱、绿色果酱、黄色果酱、蓝色果酱等。

2）器皿

白色扇形平板碟。

2.55.2 任务实施

第一步：教师示范（操作分解步骤如图）。

第二步：学生制作（模仿教师操作）。

学生根据教学要求完成个人实训任务。

2.55.3 操作分解步骤

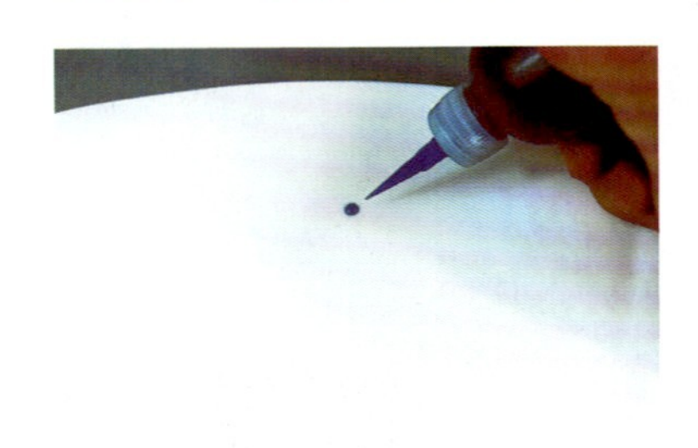

1. 用蓝色果酱挤一个点

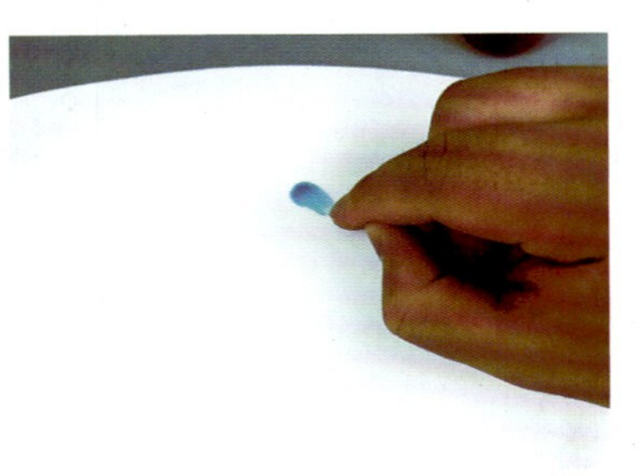

2. 用手指按住轻轻向下拉

3. 用黑色果酱画出鸟的眼睛和嘴巴

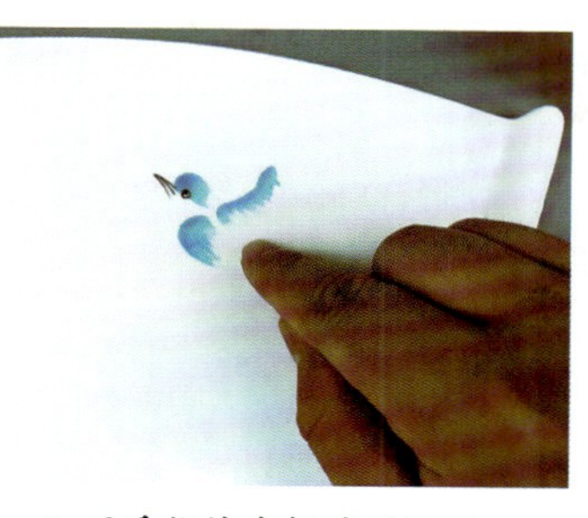

4. 用手指抹出翅膀的雏形

5. 用黑色果酱画出羽毛等

6. 画出尾巴

7. 用黄色果酱画出腹部等，用大红色果酱画出腿部

8. 搭配果树装饰，完成作品

任务评价：

个人自评、小组互评、教师总评（评价表见附录2）。

任务作业：

1. 课后练习寻食图的画法。
2. 查阅相关资源，设计新作品，学会举一反三。

任务56　春晖图

春晖图

春晖图

2.56.1 任务准备

1）原料

大红色果酱、橙红色果酱、灰色果酱、黑色果酱、蓝色果酱、黄色果酱等。

2）器皿

白色圆平板碟。

2.56.2 任务实施

第一步：教师示范（操作分解步骤如图）。

第二步：学生制作（模仿教师操作）。

学生根据教学要求完成个人实训任务。

2.56.3 操作分解步骤

1. 用蓝色果酱挤出一个点

2. 用手指轻轻拉出纹路

3. 用蓝色果酱点出两个点（注意点的位置）

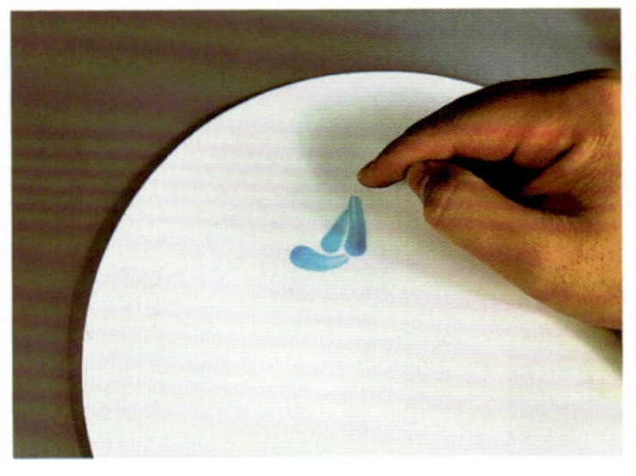

4. 用手指轻轻拉出纹路

5. 用黑色果酱画出鸟的腹部等

6. 用黑色果酱画出鸟的羽毛

7. 用黄色果酱、橙红色果酱等涂色，用大红色果酱画出鸟的脚

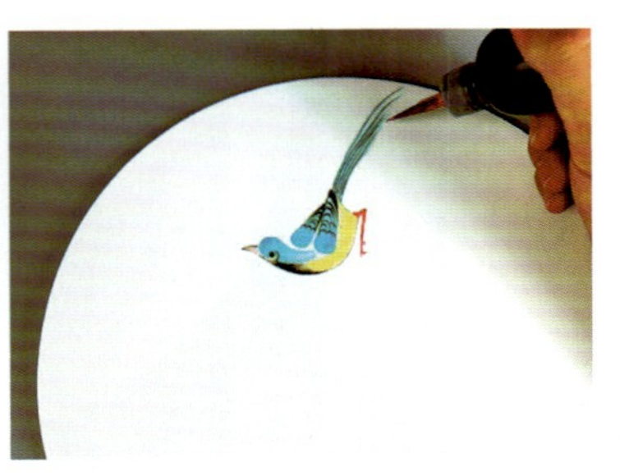

8. 用蓝色果酱画出鸟的尾部，用黑色果酱勾勒

9. 用黑色果酱点小点

10. 画出树枝、梅花等点缀

任务评价：

个人自评、小组互评、教师总评（评价表见附录2）。

任务作业：

1. 课后练习春晖图的画法。
2. 查阅相关资源，设计新作品，学会举一反三。

项目 3

果酱画菜肴盘饰作品赏析

觅 食　　荷 香

春 晓　　觅 食

觅 食

富 贵

花开富贵

守 望

夏 荷

锦 鸡

守　望

荷　韵

事事如意

品　鱼

守　望

望　思

荷　境

冬 景

荷 境

项目 4

果酱画盘饰与菜品结合赏析

品 味　　守 望

荷 香　　品 鱼

梅 香　　品 味

附录1

一、果酱画工具套装调色表

中黑色：巧克力酱加一点可食用的黑色色素。

黑色：中黑色果酱再加一点可食用的黑色色素。

粉红色：草莓果酱。

大红色：草莓果酱加一点可食用的桑枝红色色素。

黄色：杧果果酱。

橙红色：杧果果酱加一点可食用的橙红色色素。

深紫色：蓝莓果酱加一点可食用的紫色色素。

中绿色：哈密瓜果酱加一点可食用的苹果绿色色素。

深绿色：中绿色果酱加一点黑色果酱。

蓝色：蓝莓果酱加一点可食用的蓝色色素。

灰色：黑色果酱与白色果酱的比例为2∶8。

白色：透明果酱加一点可食用的白色色素。

二、果酱画盘饰工具套装

果酱画盘饰工具套装详见右图。

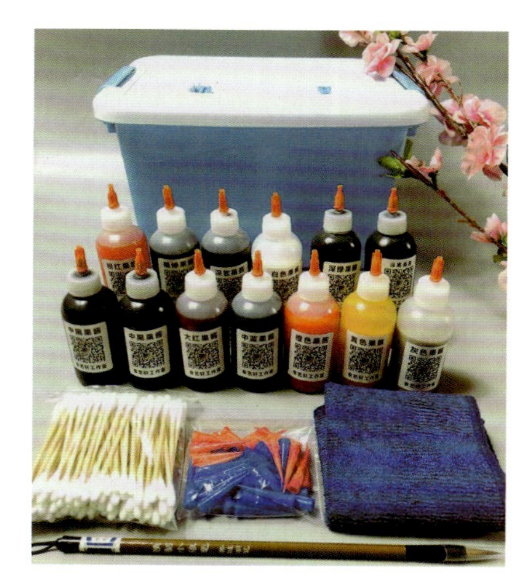

果酱画盘饰工具套装

附录2

果酱画菜肴盘饰制作任务评价表

班级：　　　　　　　姓名：　　　　　　　日期：

考核指标 任务名称	颜色搭配（20分）	整体造型（30分）	制作速度（15分）	制作卫生（15分）	创新元素（10分）	构图设计（10分）	合计
学生自评							
小组互评							
教师总评							

【作者简介】

朱洪朗

毕业于扬州大学烹饪与营养教育专业，本科学历，现任广州市旅游商务职业学校烹饪教师，广东烹饪名师、广东省技术能手、中式烹调高级技师、广州市金牌导师、广东省优秀指导教师、全国优秀指导教师、中式烹调考评员、果酱画推广大使、全国餐饮技能人才；擅长果酱画菜肴盘饰制作、中餐冷拼制作、分子料理制作、意境菜制作、菜肴出品设计等。参加行业各级烹饪大赛获得特金奖3项、金奖12项、银奖4项。主编《中餐冷拼与菜肴盘饰制作》《果酱画菜肴盘饰》2本教材，参编3本教材。指导学生参加广州市、广东省、全国职业院校技能大赛，取得获奖42人次的优秀成绩。在核心期刊发表教育专业论文8篇，主持市级、省级课题5项。